放飞

有一种勇气叫 放手

青春励志系列

陈志宏 ◎ 编著

延边大学出版社

图书在版编目（CIP）数据

放飞:有一种勇气叫放手/陈志宏编著.— 延吉:延边大学出版社,2012.6（2021.10重印）

（青春励志）

ISBN 978-7-5634-4875-3

Ⅰ.①放… Ⅱ.①陈… Ⅲ.①人生哲学—通俗读物 Ⅳ.① B821-49

中国版本图书馆 CIP 数据核字 (2012) 第 115149 号

放飞:有一种勇气叫放手

编　　著：陈志宏
责任编辑：林景浩
封面设计：映像视觉
出版发行：延边大学出版社
社　　址：吉林省延吉市公园路 977 号　邮编：133002
电　　话：0433-2732435　传真：0433-2732434
网　　址：http://www.ydcbs.com
印　　刷：三河市同力彩印有限公司
开　　本：16K　165 毫米 ×230 毫米
印　　张：12 印张
字　　数：200 千字
版　　次：2012 年 6 月第 1 版
印　　次：2021 年 10 月第 3 次印刷
书　　号：ISBN 978-7-5634-4875-3
定　　价：38.00 元

版权所有　　侵权必究　　印装有误　　随时调换

前 言

古人曾说：鱼和熊掌不可兼得，有舍才有得。鲜花谢了，才有下一年更加娇艳的开放；月亮缺了，才有下一次更加明亮的照耀。所以，在很多时候我们要有放手的勇气，让心灵放飞。

放手不是懦弱，不是自卑，也不是自暴自弃，更不是陷入绝境时渴望得到的一种解脱，而是一种智慧的选择，是一种痛定思痛之后所释放出来的巨大勇气。仙人掌放弃了优雅的绿叶，才可以活得长久；大山放弃了广袤和平坦，才可以巍峨；小溪放弃了涓涓细流的舒适，才可以拥抱大海……生活也是如此，放手是一种勇气，也是一种美：一种震撼之美，一种心灵之美。

大文豪爱默生说："人生最大的智慧就是懂得放手，我们每个人都有难以割舍的东西，放开了，也许是一种胜利、是一种智慧。"

所以说，执着坚毅不一定全是聪明的，顽固的坚持不懈也可能是愚笨的。在必要的时候，让自己勇敢地放手，卸掉身上沉重的包袱和令人窒息的烦恼的缠绕，才可能神清气爽、怡然自得，享受拨云见日的轻松与快乐。

此书通过一系列的故事告诉我们：不是人生中的所有东西我们都要紧紧地攥在手中，适时地学会放手，给自己一个重新出发的理由，将那些令你痛苦的、扛起的、背负的，一并放下；将憔悴的容颜换成一种清淡的微笑，将沉重的步伐调节成春天五线谱上的音符，让自己踏着轻快的节奏，在人生的海面上悠然漂荡，享受着宁静与波澜壮阔。

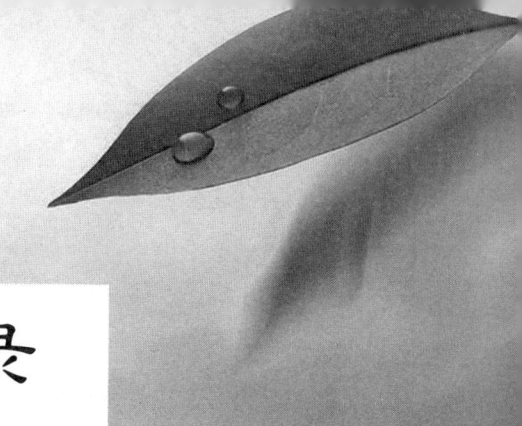

目 录

第一篇　夏日里的向日葵

懵懂的16岁	2
我爱你，可是我不能说	4
27路终点站等你	8
夏日里的向日葵	10
我们注定不能相爱	14
爱情无季差	18
我就是你的那半个圆圈	21

第二篇　数到三就不哭

忽视就会失去	26
我和CS哪个更重要	27
数到三就不哭	31
在该相遇的地方错过了牵手	33
杨桃和玫瑰	34
对你的爱情已经过了保质期	41

缘分这东西	43
错过最爱的人	46
爱，经不起等待	48
童年的承诺	51
孤独地品味这份爱	53
含泪的射手	59
天荒地老只是一个美丽的传说	63

第三篇　爱你的心是21克

一场经不起考验的婚外情	66
很想嫁给你	69
情人只是一个美丽的瞬间	70
忘忧城	74
记得	79
谢谢你的爱	82
没有结果的一见钟情	85
爱情和婚姻	87
老公，我走了	88
替代品	90
不过是一场没有结局的相遇	94

第四篇　原来结束是另一种开始

十年	100
走过菩提树	102
牵挂	106

幸亏	108
原来结束是另一种开始	110
世凡，我爱你	113
被鲜血染红的纸鹤	117
垃圾爱情	124

第五篇　半个吻的约定

单相思	128
亲爱的师姐，我爱你们	131
爱上了幻想中的你	133
蝴蝶蝴蝶，你爱过吗	137
暗恋的守候	141
三十年	145
最远的距离	152
暗恋情歌	155
我怎么会不爱你	157
半个吻的约定	161

第六篇　永远的红手帕

约定	166
永远的红手帕	171
爱吃薄荷糖	173
桑葚树姑娘	177
蒜薹	182

第一篇

夏日里的向日葵

　　爱情和情歌一样，最高境界是余音袅袅。最凄美的不是报仇雪恨，而是遗憾。最好的爱情，必然有遗憾。那遗憾化作余音袅袅，长留心间。

　　最凄美的爱，不必呼天抢地，只是相顾无言。失望，有时候，也是一种幸福。因为有所期待，才会失望。

　　遗憾，也是一种幸福，因为还有令你遗憾的事情。追寻爱情，然后发现爱，从来就是一件千回百转的事。

懵懂的16岁

有人说：回忆是一把利剑，它会刺痛你已结痂的心；回忆是一眼温泉，会滋润你逐渐干涸了的心田。我说：回忆是一串冰糖葫芦，甜里透着酸，酸里裹着甜。

16岁，在植满万紫千红的花丛中，我对那朵娇艳火红的野玫瑰情有独钟，也想去靠近它，捧在手心细心呵护，而它身上的刺儿总让我退缩，当我武装好自己，鼓起勇气去接近它时，竟发觉它早已凋谢、枯萎，然而我落泪了。

认识他是在上初三的那一年，当我一脚踏入教室时，便与他四目相对，心为之一颤，随后便是微笑，时间虽然很短，但他那双眸子已摄入了我的心，不大但明亮，就像一潭碧蓝的湖水，清澈见底。

刚巧，班主任把我调到了他的前面，他似乎显得异常兴奋。他是个并不太勤奋的学生，还经常搞一些小动作，可老师却出奇地喜欢他，因为他非常聪明，成绩总是那么好。

偶尔我们也会在一起讨论问题，他总是那么认真那么执著地给我讲解，之后我们总是相视一笑，笑里有我的感激，也有他的快乐，我喜欢看他的眼睛，柔柔的，好亲切。

日子虽然平淡了些，但是过得有滋有味，我们依然在一起讨论问题，依然一起说笑，渐渐地我发现他的笑容不再灿烂，眼里有些模糊，少女特有的敏感告诉我，一场暴风雨即将来临了。

该来的还是要来的。在人不多的一天下午，他对着我的背影含糊地说喜欢我，我惊得停下了手中的笔，但很快又恢复常态。心在一阵阵狂跳的我，还是装作若无其事地埋头做功课，对于他说的话，我只当做他无聊时追人玩儿的大笑话（一向他都是喜欢开玩笑的）。

往后的日子，总能感觉到背后那一双火辣辣的目光，炽热得可以把我烧成灰烬，不管在哪里，他敏锐的双眼总能把我捉住，我的心乱了，年轻的我不知所措，只能选择逃避。

我害怕跟他在一起，可每次一个人走在校园的小道上，总能与他相遇，也不知是上天的安排，还是他刻意的出现，也曾默默地问过自己，这就是所谓的有缘吗？

不知不觉中，我们讨论问题的次数明显少了，很害怕他那已被千言万语搅得浑浊不清的眼神。里面盛满太多的期盼，等着我去打捞。

我知道他要说什么，也明白他的心，其实我并不讨厌他，我是喜欢他的呀，只为他那似曾相识的目光。

他对我的好，我无法用言语来形容，对我的关怀，又岂能是一声"谢谢"了事，他为我伤过心、流过泪，愧疚早已堆满了我的心，哪能不为之感动、无动于衷？骗得了别人，骗不了那颗已满是他的心。

他一次次真心的邀请，而得到的却是一次次无情狠心的拒绝，黯然神伤的眼神使我好心痛，心在滴血，如刀绞般难受，看着他孤单离去的背影，清楚地听到自己心碎的声音，但我只能说："对不起，我不能。"

拒绝了他，也拒绝了一份摆在我面前赤诚的爱，我不是个无情的人，却在无意中把他伤得最深，你能原谅我吗，聪明的男孩？我知道他是理解我的，一直以来，他都给我足够的时间与空间，让我不至于窒息。

处于花季的少男少女，谁不想得到恋人的关心、爱护和甜言蜜语，然而这一切仿佛离我还太遥远。我喜欢他，但我不需要短暂的幸福，还没成熟的果子是苦涩的，我不想过早去尝试，假如有一天，这颗果子成熟了，我愿与他一起采撷，一起品味。

他还是读懂了我的心，只丢下一句"我会等你的"便转身离去，语气平淡得让人分不出真假。但我还是谢谢他，聪明的男孩。

他搬走了，搬到离我最远的位置上，身边少了他的问候与关怀仿佛失去了一件很重要的东西，看看曾经神采飞扬的他，如今却是多么的憔悴、忧伤，心隐隐又痛了。剧情演绎到今天全是我的错吗？

操场边的凤凰花开得正艳，一簇簇红得像火，我知道火红的6月就快到了，中考的钟声也已向我们敲响，对于这份感情我只能搁在一边，自信地一直相信自己会有机会向他表白、解释的。到那时，我一定会毫无保留的跟他诉说，不管什么少女该有的矜持与羞涩，然后再潇洒地离去，不留一丝遗憾。

老天似乎要我为当初的决定付出代价。毕业了，当站在熟悉的阳台上，环视着生活了三年的校园，心中充满了不舍与留恋之情。时间一分一秒地流失，可我却不想离去。目光一直在寻找那个烙在心底的身影，多么希望他能出现，向我说一声"再见"，即使一声也足够了。

开往家乡的早班车就要走了，不得不抱起书本往校门走，是该放弃了，但我不甘心啊，不甘心最后会是个无言的结局。我希望会有奇迹出现，但还是失望了，汽车启动了马达，载走了所有的言语与希望，留下一串祝福与遗憾。

难道我们真的是两朵偶尔碰撞在一起的浪花，注定不能流到同一条江河里去吗？那时我们一定是被大浪冲击的昏昏沉沉，懵懵懂懂中才会生出这么一段故事来。

望着眼前一闪而过的事物，泪还是溢出了眼眶，无声地滑落下来，嘴里却叨叨地念着我的灵感小诗：

我不是夏日的阳光／无法照亮你的生活

我是冬天的一片雪／只能冷却你的心窝

也渴望／会是初春的嫩芽／俯依在你身旁

但最终／还是无情的秋叶／无可奈何弃你而去

亲爱的人／我走了／只愿你别伤心难过

心灵感悟

<u>16岁，花朵一般的年龄，情窦初开中，几丝不舍，更多无奈，恰似枝头的青苹果，酸涩犹带甘甜。懵懂的岁月是记忆里的一道难忘的风景，映照着成长的脚步，在我们的内心深处留下那一段段青涩的记忆。</u>

我爱你，可是我不能说

丁零零！门上的铃铛响了起来，一个三十多岁，穿着笔挺西服的男人，走进了这家飘散着浓浓咖啡香的小小咖啡厅。

"午安！欢迎光临！"年轻的老板娘亲切地招呼着。

男人一面客气地微微点了点头，一面走到吧台前的位子坐了下来，开口对老板娘说：

"麻烦给我一杯摩卡，谢谢。"

"好的，请稍候。"老板娘微笑着说。

接着她便开始熟练地磨碎咖啡豆，煮起咖啡来。男人一直带着笑容看着老板娘煮咖啡的动作，一副很享受的样子。

过了没多久，老板娘便将一杯香醇的咖啡端到男人的面前，"请慢用！"

"谢谢。"男人将杯子拿到嘴边，浅浅地尝了一口。

"第一次来吗？"老板娘问。

"是啊！"男人答。

"觉得我们这家店怎么样？"

"很不错！气氛很好！"

"我自己也是很喜欢，所以虽然生意不好，我和我先生却还是舍不得把它关掉。"

"嗯……"男人好像有所同感地点了点头，又喝了一口咖啡。

两人沉默了一会儿，一时间空荡的店里只余悠扬爵士音乐。男人忽然开口，打破了这短暂的宁静。

"呃……不好意思，可以请教你一个问题吗？"

"什么问题呢？"老板娘好奇地问。

"嗯……这……这该怎么说好呢？"男人抓着头，一副不知所措的样子。"或者你可以先听我说个故事吗？"

老板娘点了点头，示意男人继续说下去。

"我以前有个很要好的女朋友，已经到了要论及婚嫁的地步。我和她之间的感情发展得相当平凡，并不是什么经过大风大浪、轰轰烈烈般的爱情。但我想从我第一眼看到她的时候，就仿佛有一股魔力，有一个声音，在推动着我，告诉我，就是她了！她就是我一直期待着的女孩。更令我高兴的是她也响应了我的示爱，接受了我。这一切的顺利让我整个人陶醉于幸福的喜悦之中，只不过……""只不过！发生了什么事了吗？"

老板娘显然给故事吸引住了，她打断了男人的话。

"嗯……"男人脸色沉了下来，略微停顿了一下，继续说下去。

"只不过我忘了幸福的背后，往往藏匿着最可怕的恶魔。就在我们订婚前一个月的一个晚上，她……她遭到了歹徒的强暴。""啊！"老板娘惊讶地叫了出来。"都怪我！要是我那天坚持送她回去就好了！"男人用力地捶打着桌面，杯子中的咖啡因剧烈震动的关系洒了出来。

"你要问我的该不会就是这个吧！"老板娘一面擦拭着洒出来的咖啡一面说。

"不！不是的！我对她的感情不会因为这样而有所动摇，我决定仍旧如期订婚，可惜就在我们订婚的那一天，她……上吊自杀了！"

男人的语调异常平缓，从他的表情上看得出，当时的他是多么的难过与震惊。

"自杀！那她有没有怎么样？"老板娘为突转而下的剧情睁大了眼睛，紧张地看着男人。"幸运的是我们发现得早，送到医院时还有气，只是脑部因为长时间缺氧，呈现昏迷状态，当时医生说她一度有成为植物人的危险。"

老板娘松下一口气，"那她后来有醒过来吗？"

"有的，她醒了！"

"但……但当我得知她醒了的消息，高兴地要去看她时，却被她父母给拦在门外。"

"为什么？她父母为什么不让你去看她？"

"她父母跪在地上求我，原来她失去了记忆，失去了认识我以后的记忆，医生说这是选择性失忆症，当人在遭遇极大的打击时，会逃避性地藏起一些记忆。她父母求我暂时不要再出现在她面前，他们认为让她就这样忘了之前的一切对她比较好，怕我要是去见她或许会让她回想起来，到时她可能又会陷入昏迷，甚至又跑去自杀。"

"她父母这么说也有道理，反正只是暂时嘛！等她情绪和身体都稳定了，你就又可以见她啦！"老板娘听了男人的话后这样说着。

男人勉力挤出一丝笑意，样子无限苍凉，"你知道他们的暂时指的是多久吗？是十年啊！也就是这十年里我得要忍受这样没有她的日子，就算偶尔在路上碰面，也得要装作陌生人一般地和她擦肩而过。"男人快要咆哮起来似的，"你知道这样的日子有多难熬，这样想爱却又不能爱的心情有多痛苦！"

"虽然会很痛苦，但你还是选择了这条路啊！"老板娘看着男人的眼神变得非常温柔。

老板娘的眼神让男人冷静了下来，点头说："嗯！到今天就满十年了！"

"哦！真的吗！？那真是恭喜了，你努力撑了十年，到今天终于可以去见她了！"老板娘开心地说。

"是这样没错！但是越到这一天，我反倒越害怕。十年了，我的心意是没有改变，但是她呢？如果我跟她说了以前的事，她还是想不起我那怎样办？，或者是她已经有男朋友，甚至结婚了呢？"

"这才是我想请教你的问题！"男人似乎略带紧张地看着眼前年轻的女店主，静静地等待着她的答复。

"嗯……"老板娘用手托着头，脸色凝重地想着男人所提的问题。

"我想既然你这么爱那个女孩，她记不记得你其实并不重要，最多是重新开始而已，再重新追求她一次，再重新谈一次恋爱，其实也很不错吧！而且就算有男朋友了也没关系啊！把她从他手中抢过来不就行了！"老板娘笑着说。

"但是！"她忽然将表情严肃了起来，"但是如果她已经结婚了的话，那你就放弃吧！我们结了婚的人啊！是最痛恨有人破坏人家家庭的了！"

"是吗？"男人低着头冷漠地说。

"没错！所以你可千万别做个破坏别人家庭的人哦！"

丁零零！挂在门上的铃铛又响了起来，走进来几个刚下课的大学生，老板娘走出吧台，忙着招呼这几位新来的客人。

"对了！"老板娘好像忽然想到了什么，转过头来看着男人。

"你为什么会想问我这些啊！我和你不过是第一次见面而已啊！"她好奇地问。

"嗯……为什么呢……大概是因为那个女孩曾说过，结婚以后要和我一起开一家像这样的咖啡厅吧！"

"哦！原来是这样子啊！"老板娘说。

"嗯！只是这样而已！只是这样而已！只是这样而已！只是……"男人不停地重复着同样一句话，好像借此告诉自己什么似的。爵士乐停了下来，整个屋子里只听见大学生清脆的谈笑声。男人低着头偷偷地瞄着老板娘手上的结婚戒指，一滴温暖的眼泪，悄悄地滑进了那杯早已冷却的咖啡里。

心灵感悟

有些爱，是不能说的。尽管终日牵挂和思念，尽管希望你就在我身边。但是，这种想法只能放在心里。因为这种爱有着不可承受之重，因为我爱你，所以，我不敢对你说……

27路终点站等你

雨下来了。下大了。街上行人仓皇地奔走，候车站的站牌下，挤满了避雨的人们。云撑着大大的、有细碎的淡蓝花骨朵的雨伞，右手牵着小女儿，在纷纷扬扬的夏雨中慢慢地行走。

猝不及防的是，女儿不知怎的绊了一个趔趄，云还来不及把持稳当，女儿就结结实实地摔了下去，溅起好大一片水花。女儿愣了片刻，"哇"的一声大哭起来。

云也有片刻的呆立——在忙不迭地拉扶女儿的时候，不经意的，云看见了立在车站一旁的公车站牌上标明的字样——27路公车，黄岗（终点站）。还未来得及细想，云已经别过了脸，拉起了滚在地上的女儿。女儿的衣裤全湿透了，正长一声、短一声地啜泣着。云一边安慰女儿，一边暗暗地在心里起了某个念头。这念头甚为强烈，驱使着云回头又看一眼。

这一眼之后，记忆如星云纷纷坠落。透过雨幕，透过这仿佛渐渐趋于透明的雨幕，云看见了那时的天空——10年前的7月9日，那蔚蓝、澄明的夏日的天空……

尖锐的铃声划破寂静的空气，考生们从分布在各个角落的教室中涌出来，一时间，各种各样的表情——欢喜的、沮丧的、轻松的、沉重的——充斥了半分钟以前还疑是寂地的校园。其中也有一些雀跃不安的脸在四下张望，比如云。在突然间纷杂起来的空间里，云微笑着在人群之中穿行。

8

近了，近了，唯一不是陌路的那个人，就在不远的前方。与他极快地擦肩而过。就在那一瞬间，三年没能说出的话语，轻飘飘地在他耳边说了出来："下午两点，在27路终点站等你。"

那个英俊的孩子霎时呆住了，可怜巴巴地望着云轻快地消失在人群里——"一定会来的，他！"云很有信心，笑容不加掩饰地久久挂在嘴角。

其实不应该这么早就说出来的。可是没法子了。真的，没法子了。已经是7月9日了，明天，谁又知道谁在什么地方呢？

下午一点半。27路终点站。云把头发打理得异常柔顺，穿了那件洗得发白的短连衣裙，脚下是一双同样发白的帆布鞋，云就是喜欢那种洗刷得发白的感觉，干干净净，清清爽爽。

一点三刻。头顶上有朵乌云飘过来了。

要下雨了吧。云把头发往耳后拢了拢，心底掠过一阵莫名其妙的温柔。"他不会忘记带伞吧？半路上给淋个落汤鸡！"想到好笑处，云不禁"扑哧"一声笑了。

两点整。雨意更浓了。

27路公车驶来了，旋即又满满地载了一车人离开了。云呆呆地看着车来车往，轻轻地咬了咬下嘴唇。

两点一刻。雨淅淅沥沥地下起来了。雨滴映在云清澈的眸子里，有什么前一秒还坚信不疑着的东西正慢慢下坠。

两点三十二分。雨如同洪水猛兽般汹涌而来。有很多来不及逃回家的路人，就近躲进了候车亭下。好像缺少了什么过程似的，车站站牌下瞬间挤满了密密麻麻的雨天孤儿。云看着越下越密的大雨，不出声的，任由身体随着人群的拥挤而摇曳。

四点。雨还在下。

六点。雨稀稀落落，仿佛坏掉了的水龙头，再怎么拧紧，也总有密匝匝的水珠凝聚而坠。

九点。天色早就昏暗了，路灯也开了。细雨中，云的影子被路灯拉得长长的，模糊，纤弱。不知怎的，这时候，天上的乌云，又十分的密集了。

云紧紧地咬着下嘴唇，眼里有一些东西即将漫溢出来。

终于，终于，乌云承受不了水珠的重量，雨再度倾盆。厚厚的雨幕背后，云的面颊上，也似有了液体的存在，汹涌着与这夏夜的瓢泼大雨交相辉映，在灯光的照射下格外地泾渭分明、晶莹剔透。不看了，不看了，云收回茫然无边际的视线，目光落在了浑身湿透了的女儿身上，"小雨，跌疼了没？"

小女儿正因母亲的淡漠而暗自委屈，这下立时不可开交地哭闹起来。

云轻轻地叹了口气，腾出一只手来，俯身抱起女儿，细细地哄着。母女两个，撑了把伞，在越来越密的细雨中渐渐远去。

这时，在27路终点站的站台上，在拥挤的人群中，一位二十七八岁模样的男子，正用目光注视着这母女俩，直至那把有细碎花骨朵的淡蓝雨伞在这场大雨里完全地消失。男子一直看着她们消失的那个方向。那片雨幕又渐渐地透明起来——一个十七八岁的男孩子，抱着膝蹲在那里，一动不动。看向前方的眼睛里，有着和那时的云一般无二的、慢慢冷却了的东西。

他倚靠着的站牌上，白底红字地写着——27路公车，黄岗（终点站）。

而她当时等他的站牌的右下角，也是红底白字，可明明白白地写着——27路公车，荔湾（终点站）。

该死的，怎么当时就偏偏忽视了公车的两端都是终点站？

心灵感悟

有些相遇就像路过的风景，美丽却一晃而过。热切的渴盼追逐爱恋过后却无奈那流星划过后的孤寂。也许他注定是你生命中一段插曲，那么，何必埋怨上苍的薄情，何必后悔自己的不细心。不管怎么说，那个错过的人都让我们体验了人生，瞬间的颤动，窃窃的喜悦，温厚的感动以及那淡淡的悲伤。

夏日里的向日葵

洛阳初见吴宇，是在外国语学院读大一时。

彼时，校园内种了很多法国梧桐，夏天，梧桐树生出了许多嫩嫩的叶子，阳光下透明的碧。洛阳常常坐在梧桐树下背英语单词。

18岁的洛阳,黑黑的,胖胖的、肉乎乎的手背上有一些浅浅的窝。她常常觉得自己像一只笨拙的巧克力冰激凌。有时候,她真希望身上的脂肪能像冰激凌一样融掉。

因为这些,洛阳的心一直是灰色的。她穿着灰色的衣服,像角落里一片不为人见的树叶,小心翼翼地维护着自己的自尊。

夏天,系辅导员倡议同学们去残障学校做义工,洛阳是不愿意去的。她想,那应该是帅气的男孩和漂亮的女孩们做的事情啊,自己是如此的平凡,哪怕是善举,在上帝眼里,怕也是打了折扣的吧!那天,当学院的车子开往那个坐落在郊区的学校时,洛阳的心情一如既往地暗淡着。

下午,两个学校举行文艺会演,洛阳也没参加,一个人在陌生的校园里走着。这时她看见了一片开满向日葵的小树林,向日葵的叶子在风中摇啊摇,像一只只摊开的洁白掌心。

一朵朵金黄的向日葵,像一张张笑脸,迎着阳光轻轻摆动,洛阳一眼望过去,就看到了吴宇。吴宇坐在一颗向日葵下,手里拿着一本英文单词书。

那是一个可爱的、带着鸭舌帽男孩,向日葵的叶子落在他身旁,也落在他的鸭舌帽上。洛阳说:"叶子落在你的鸭舌帽上了。""是吗?"吴宇笑了笑。洛阳注意到吴宇的眼睛看着远方,而他用来看书的——是手。吴宇是一个盲人。

洛阳开始喜欢做义工了。每个礼拜六,她都会骑车到市郊的残障学校。她依然是害羞的,到校门前时,一直低着的头突然抬起来,就算是和门卫大爷招呼过了。然后单车"嗖"地飞过去,一直飞到吴宇的宿舍楼下。

而吴宇是个性格内向的男孩,先天性角膜混浊隔开的,不仅是他的眼睛,还有他的心。但他喜欢听身边的这个女孩说话,洛阳说,绿色的小溪里的水,叮咚、叮咚;黄色是夏天的汗水,呼啦、呼啦;白色,白色是什么呢?洛阳说白色是天使的颜色,天使都很轻盈,长着透明的翅膀。

那天,天空干净晴朗,洛阳为吴宇念书,厚厚的《时间简史》。休息时,吴宇突然说:"我很喜欢你,你喜欢我吗?"洛阳的脸红了,摇头、点头,不知所措。吴宇急了,他伸出手去拉洛阳的手。他们的手握在了一起,吴宇说:"你的手有很柔软,你一定是个美丽的女孩子。"

第一篇 ◆ 夏日里的向日葵

洛阳的心微微一抖，仿佛被刺伤了，她看着吴宇的脸，那张脸像夏日干净的向日葵，她缩回的手轻轻地摸摸自己的脸，圆圆的、胖胖的，不知不觉，小小的心就像撞了冰山的"铁达尼号"摇晃着，慢慢地沉没了。

大二上学期，吴宇告诉洛阳，他就要到上海接受角膜捐赠手术了，他是那样兴奋，鼻尖浸出细的汗珠。他说父母一直为他的眼睛感到遗憾和歉疚，并一直在为他寻找合适的角膜，现在终于找到了。洛阳的心如在风中，微微地颤抖着，一半是浓浓的喜悦，一半是淡淡的忧伤。

她和吴宇，到底是没有缘分的。

想着，就流了泪。那泪，应是喜悦吧！为了他就能亲眼看到那些美丽的色彩，那些飞翔的小鸟，那片金黄的向日葵……回到学校宿舍，正坐在床沿发呆，电话又追了过来，"妈妈周六就会来接我去上海，你会来送我吗？不知道手术会不会很疼，有你来送我，我就不会害怕了。"洛阳的心缩成一粒细细的沙，她说："我一定会来送你的。"

到了那一天，吴宇却没有等到洛阳。

一遍遍的，他问妈妈，有没有见到一个和自己年纪差不多，很漂亮的女孩？母亲好奇地张望着，同学、老师都在周围，并没有吴宇所说的漂亮女孩。一直在角落的洛阳却分明看到，吴宇母亲的眼睛从她脸上扫过。那一刻，她的心像一颗流星划过黑夜，短促的闪亮随即熄灭，她知道，这个气质雍容的妇人不会以那样一个胖胖的、平凡的身影会是吴宇心中的美丽女孩。

眼睛里，酸酸的液体一直流，流了又流。她想，如果吴宇的眼睛永远看不见，他们是否就会有将来？可现实里没有如果，有的是她喝凉水也会发胖的身体，丑小鸭一样平凡的相貌。

洛阳换掉了手机，像一只贝壳，把自己关闭的紧紧的，想吴宇时，她忍不住打开信箱，信箱里堆满了吴宇的来信。

吴宇在信中说，他的眼睛已经完全康复，现在已经离开残障学校，去了普通学校，他问："你到底在哪里？为什么不和我联系呢？"接下来的一封，他说他一直忘不了她，在他心里，她是最美丽的女孩……

她飞快地关闭了网页，不敢再看下去了。那些信像一团火，能烧起她一直荒芜的心。她想怎么会这样呢？自己和吴宇，恐龙和王子，原本就是两个世界的人啊。

时间一分分、一秒秒地滑过，两年过去了。洛阳忙着论文、答辩、找工作，她让自己忙得像一列永不会停歇的火车。唯一的一次脱轨，是在毕业前，洛阳回到了那片开满向日葵的小树林，那些曾经一排白得耀眼的康复训练教室，心里顿时涌起许多失落的感伤。

毕业后的三年，洛阳跳过两次槽，此时的洛阳，依旧有着丰满的身体，只是，当人们的眼光发生改变时，这丰满也就变成了美丽；蜜色的肌肤透出健康的光泽，引得其他女孩子的羡慕，她们的："洛阳，你诱人得让女人都想抱一抱。"

有一次，公司经理亲自到工作间找到洛阳。那是一个优秀的男人，就像经过国际ISO9000认证，是每个女孩眼中的钻石王老五。经理说："洛阳，你能不能客串一下公司的同声翻译，下午有一个重要的会议。"那天下午，在容纳千人的会议厅里，洛阳成功的同声翻译引来一阵阵掌声。然后，他请她吃京城最好的水煮鱼，请她看西郊最绚烂的红叶。他说这红叶就像爱情，而洛阳想，她的爱情不是西郊的红叶，而是金黄的向日葵，只是夏天里绚烂，等不到秋天，像夭折了。于是，洛阳又一次想跳槽了。

没想到会再见到吴宇！

两年一度的世博会上，洛阳充当同声翻译。一家公司代理产品的英文介绍书出了点麻烦，已经下班的洛阳被请去救场。员工中有一个男子说话的声音低低的，很好听。洛阳想这声音多熟悉啊，抬眼望去，她看到吴宇。

吴宇却不认得她。是啊！他原来就没见过她，怎么会认得呢？而他却一直藏在她心底最柔软的角落。

麻烦终于解决，公司请洛阳吃饭，洛阳说不用了，短短三个字让他注意到她，那么专注的眼神让洛阳违背了自己的心，不自觉地跟着走进了餐厅。吴宇坐在洛阳身边，吃饭时一直着照顾着洛阳，他说："你的声音很好听，我曾经认识一个女孩，她和你有一样的声音。"洛阳心一颤，说是吗？吴宇说："我不知道她现在在哪里，我一直在找她，但却找不到。"

洛阳一直低着头，直到饭局结束。走出餐厅，她轻轻说了声"再见"了，便一直一直往前走。身后有人叫住自己："我能握握你的手吗？"洛阳站住，回头，他们的手握在了一起。他说："是你吗？你的手和她一样软。"洛阳说："不是，你认错人了。"

第一篇 ◆ 夏日里的向日葵

她不敢想，也不能想，只匆忙地往前走，忽然觉得痛，低头，是一枚戒指，忽闪忽闪的，圈住她细细的无名指，也圈住了她的一生。泪就流一脸。

她曾经的上司，那个经过国际ISO9000认证的优秀男子一直追求她，她倦了，累了，于是就爱了，虽然不是那么炽烈。但她想这样也好，这样就不会痛了。那夜，洛阳打开很久没有开过的邮箱。邮箱里躺着一封新的来信。他在信里说："今天遇到了一个女孩，她和你有着一样的声音，可是，她却不是你。我多么希望她是你……"信的背景是一张图片，铺天盖地的，全是盛开着的向日葵。

洛阳哭了。她想，原来自己和吴宇都是不完美的，吴宇不完美的在于眼睛，而自己的不完美在于一颗自卑而残缺的心。她多么羡慕那片夏日里的向日葵啊，它们从来不在乎自己美不美，只是盛开着，自信地追随着太阳的方向，就像年轻女孩追随心底的爱情。

她移动鼠标，按了全选，然后点了永久删除，那些信眨眼间消失不见。而她的爱情，就像那片金黄的向日葵，错过了夏天，错过了阳光，再也不会盛开了。

心灵感悟

"后来，我总算学会了如何去爱，可惜你早已远去，消失在人海，后来，终于在眼泪中明白，有些人，一旦错过就不在……"明明相爱却不敢表白，自卑，让我们迷失在爱中。有哪一种遗憾比这更让人痛心？所以，如果你遇到了一个真正情投意合的人，千万不要再错过。记住，爱情可以等待，但绝不能懈怠。

我们注定不能相爱

一、安晴喜欢韩家骥

那一年，安晴喜欢上韩家骥。

校运动会的操场上，安晴的眼睛只看奔跑着的韩家骥。韩家骥穿蓝白的运动短裤，个子高而瘦，像一株飞跑的白杨。安晴从小就憧憬这样的男生——文静、清秀、学业优秀。

"喂。"有人递给她可乐。她回过头，是小烈，安晴厌恶地皱了皱眉，班上很多女生喜欢小烈，他是个帅男生，高高黑黑，有一双明亮的黑眼睛，她们称他是"桃花眼"。安晴固执地认为一个男孩有一双桃花眼是多么无聊的事，况且小烈的功课又臭，还打过群架。

"班费买的，人人有份儿，别以为我对你有意思。"小烈把可乐塞在她手里。他的汗粘在瓶子上，有轻微洁癖的安晴轻轻捏住瓶颈，避开他的汗印。

细小的动作逃不过他的眼睛，他粗鲁地夺过来，一言不发地扭开瓶盖，褐色的液体哗哗地洒在6月的操场上，随后白汽蒸腾，没了踪影。

安晴羞愧地低下头，他是个骄傲的男生，以前她不知道。

太阳越来越辣，安晴只觉眼前越来越花，没闹清怎么回事，她就软软地摔了下去。去医院的时候，安晴是伏在小烈的背上的。昏昏沉沉中，她闻到小烈淡淡的汗臭，好像没有那样讨厌。

二、小烈送的小熊暖煲

检查的结果，不是中暑，而是贫血，很严重的贫血，医生担心是恶性的，不停地给安晴抽血化验。那段日子，安晴的天空全是一片片厚厚的云层，雨从云层里落下来，打湿了安晴的世界。

安晴的父母早就离异，各有各的家庭。同学是来看望的，可都在即将高考的关键时候，也只能蜻蜓点水的一望。安晴从没有这样寂寞过，她悲哀地发现，原来真正牵挂自己的人，近乎没有。

小烈是在第三天中午来到医院的。"喂，好些了吗？"安晴的脸难为情地红了，她小声地说："好多了。""听说是贫血。""不知道，也许是恶性的。"安晴不想哭，可不知怎么，眼睛一酸，泪就下来了。

安晴还未来得及收回自己的泪，小烈就从怀里掏出一个可爱的小熊暖煲，简单地说："我妈煲的。"然后逃跑一样离开病房。打开暖煲，是满满的赤豆红枣汤，甜香醇厚，彼此相依。

安晴要做骨髓穿刺确诊，她很怕。打电话给父母，但遗憾，在那天，他们都有自己的事。韩家骥，她想起那张清秀的脸，幽深的黑眼睛好像温

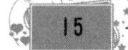

柔的春天，如果他能陪伴自己……但安晴知道不可能。

"喂，安晴。"小烈气喘吁吁地赶到她床前，满脸是汗。安晴说不出话来，眼里满是酸酸热热的液体。黑皮肤的小烈，像满室温暖的阳光，眩晕了她。她看着他的"桃花眼"，那里面真的有枝叶横陈深深浅浅的桃花，看得人有微醺醉意。

"没别的意思啦，我只是普通贫血。"安晴的世界终于雨过天晴，她也明白了一些什么，没事的时候就看着小熊暖煲发呆。小熊的眼珠乌黑，带着无邪的天真，箭一样射中她的心。她开心地喝了很多小熊肚子里的汤——红豆汤、甜枣汤、银耳汤、木瓜汤……正是这些汤，从她肚腹间开始温暖，暖洋洋地包裹了整颗心脏，再入血液，让她知道自己原来不是弃婴。

高考终于给耽误了，但已不重要。同学闲了下来，便成批地来看她，看见排列如士兵的药品，笑她好像林黛玉。"谁是贾宝玉？"有人打趣道。

"当然是韩家骥。"接口的是小烈。他站在一堆人中间，带着顽皮的笑容。

安晴只觉自己倒退，倒退成无喜无怨的黑白剪影。三年的心事终于给小烈说破，清晰地呈现在众人面前。可她却感受不到激动、惶恐甚至喜悦全无。她只是奇怪小烈怎么能这样？有些人已经变得很淡很淡，难道他不知道？"不是的。"她温和地坚决地说。"那一定有别的人。"还有人不知趣地追问。

"不会是我吧。"小烈又突兀地冒了出来，却带着玩世不恭的笑容，分明告诉大家那是假的。每个人都为他的话笑，包括安晴，她甚至笑出了眼泪。

"可我连花都带来了。"他继续嬉皮笑脸，变魔术似地掏出了一朵玫瑰递到安晴手中。笑声霎时静默，安晴的心中有小小霹雳闪过，划出一道雪亮闪电。

"都看花眼了吧，是月季呀。"他自己先锐声笑起来，又带动一片笑声。只有安晴清楚地看到，那是一朵玫瑰，真正的红玫瑰。

三、对不起，小烈

也许为了补偿，父母合资供安晴去了日本读大学。而小烈，做了一名邮递员。

"这最好了。"小烈快乐地说，"我最爱跑来跑去，安晴你想，骑着自行车，想去哪儿就去哪儿，最妙的是还会发给你薪水，还有比这更美的工作吗？"

安晴微笑，原来小烈的骨子里这样浪漫，她忽然好想了解他，他的童年，他的家人，他的一切。他依稀听过小烈提起他家的地址，凭着模糊的印象，安晴在一条曲曲折折的弄堂里的一排矮房子前，看到一个老人坐在发白的歪了腿的方桌前喝酒，邻居告诉她这是小烈的爸爸。

小烈不在。那老人粗声告诉她。屋子的一角阴影里有个表情呆滞的女孩，是小烈的妹妹，有轻度痴呆。对于从小生活优越的安晴来说，此时的她只想做一件事——逃跑。

安晴问起小烈的妈妈。"他妈？"老人不耐烦地皱着眉，"谁告诉你他有妈？他妈早死啦！"原来，那些汤——红豆汤、银耳汤、甜枣汤，都是小烈炖的，就在他们家那只小小的煤炉上。安晴的眼睛渐渐湿润了，那一点小小的火焰炖汤会有多辛苦，可他照样炖得醇香润甜。她还想起骨髓穿刺那天，他轻轻搂住她的背的那温柔的大手；他在她的耳边唱歌，唱到她想睡。他对她那样好，可他们站在河的两边跳不过来，安晴怕水太急，会打得她痛。

"对不起，小烈。"安晴默默在心中流泪。

四、给安晴的情书

在日本的日子很辛苦，学习加上打工只能睡三四个小时。安晴学会了照顾自己，她会给自己炖一些汤带到学校和打工的地方。虽然条件很苦，但是安晴对自己说：小烈用煤炉都能炖汤，我用煤气为什么不能？安晴每天包着小熊暖煲走来走去，听着它肚子里轻微晃荡的汤声，就觉得温暖踏实。安晴给小烈写了一封封信，他没有回信。渐渐地，安晴的心也淡了下去。毕竟在信中，她也只诉家常，她想小烈会失望的。

安晴回国的时候，身边已有了称心的男友。

掏出四年前的钥匙，她有丝丝伤感。旧日时光系在钥匙绳上拉了回来。打开门，一地灰尘，还有——从门缝里塞进的一大堆信。她觉得奇怪，昔日朋友都知道她去了异国，谁还会给这个老地址写信？那信封，是纯洁的淡米色，且没贴邮票。她轻轻拂去细细灰尘，温柔地展开。她忽然明白是谁，所以动作之间那样小心，仿佛捧着最脆弱的水晶。

第一篇 ◆ 夏日里的向日葵

"安晴，我知道你去了日本，我知道你不会看到这些信，所以我能大胆地写些东西。哈，你不知道，我真的爱你吧。说出来好肉麻，但是那天我真的送给了你玫瑰，一直以为是月季吗？受骗了吧！捉弄你是我挺开心的一件事。"

"安晴，我被分到了你们小区的地段送信，当然，这其中是耍了一些小小的手腕，不外乎是送了一些礼什么的。其实，我最看不惯这一套，可是为了你……真的傻，你又不住在这儿，但是能每天看见你曾经住的地方也好啊。我不允许别人进入这个私密地方，当然我也不允许自己随便闯入你的家。"

安晴一封封地看着，她的眼睛模糊了。

"安晴，这是我给你写的最后一封信，我要结婚了，新娘是我的同事，很朴实的姑娘，很爱我，也爱我的家人，接受我的妹妹。原谅我不能请你喝喜酒，我也要中断这四年的自言自语，因为我要对我的妻子负责，她是个好女孩。安晴，如果你看到这些信，你知道曾经有一个名叫小烈的男孩不自量力地在心中爱过你就可以了。如果你没看到也没关系，我自己知道就可以了，再见，安晴。"

心灵感悟

有一种人，我们注定一辈子不能拥有。上帝给了机会让我们相遇，却没留时间给我们相爱。因为爱情和婚姻不可能纯粹到永远不食人间烟火的地步，也并非你爱我依就可以天长地久。爱情与现实的差距永远是残酷的。

爱情无季差

再一次见到你，我直想哭。

你躺在病床上，静静地看着我，眼里有些不期的惊愕。你没料到我会在这个时刻来这里看你么？你让我坐。我依旧站着，我想对你说点什么。我有好多的话要对你说，但一直没说。我不知该如何向你说起。你忽然注意到我浑身上下湿淋淋的。"外面下雨了么？"我说是的，下雨了。风很狂，雨很急。我没带伞，下了公共汽车，就这么跑来了。你要我用毛巾擦干脸上和头发上的雨水。关切地问我："淋湿了冷吗？"冷，有点。可是，我想说，只要和你在一起，就不觉得。还记得吗，六年前，你就曾这样对一个小男孩说过？是的，我记得很清楚，我永远也不会忘记。

那年我15岁，读初中二年级，外貌很清秀，可瘦瘦弱弱的，像是随时会被风吹倒。你那年19岁，是我们的班主任。一个圣诞节，下雪天，放学时，雪已有半尺深，掩没了伸向远方的路，我站在教室外，却一直没见到爸爸的影子。雪还在下，天已渐渐地暗下来了。我急得哭出来了。这时，你来了。问我怎么还没回家？我哭着回答，爸爸还没来接我。你边找靴子边安慰着我，爸爸肯定有事不能来了，老师送你回家，好么？我还记得，那靴子好大，像蓝精灵戴的帽子一般。你还一路讲故事给我听，逗得我哈哈直笑。你甚至还从树枝旁抓上一把小雪疙瘩放到我脖子里，让我冷得直打哆嗦，也直乐。

到家中，家里空无一人。邻居赵大爷说，妈妈病重，医院下了病危通知，爸爸上医院去了。

那些年，我母亲整年整月地待在医院里。父亲也整月整年地照顾着母亲。每个星期天，我去医院，妈妈总是搂着我哭，开始几次，母亲哭我也哭。后来，爸爸说，我哭只会让母亲更加伤心。我后来就常伸出手去帮母亲抹去眼泪，说，妈妈不要哭，妈妈会好的。阿文离不开妈妈。母亲却常常哭得更厉害了。

我那时虽小，但还是懂得生离死别是多么让人悲痛欲绝。我放任自己的眼泪一倾而出，我扑在你的肩头久久不能自己。你很轻很柔，带着强烈抑制的哽咽的声音哄我：阿文不哭，妈妈会好起来的。上天不会让妈妈扔了阿文一个人独自走的。后来，妈妈真的奇迹般地好起来了。多少年来，我一直认为是你真诚的祈祷挽救了母亲。

那时冬天的夜晚寒冷逼人。我看见你有些微微颤抖。我问你："林老师，你冷么？"你把我拉到你身旁，说，和你在一起，老师一点儿也不觉得冷。我的心为之一震。

你不知道，几年前那个小男孩就被你怎样的感动过，甚至他小小的心里就有种朦朦胧胧的直感，将来一定要娶一个像你这样的妻子。虽然那时，

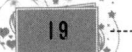

第一篇 ◆ 夏日里的向日葵

他并不懂爱情是什么。或许这便是一种纯洁的爱了。

我终于把这一些倾吐给你。在你柔弱得需要人搀扶、安抚的现在。你睁大了眼睛。你显然没料到，我会对你说这些。我不看你，继续说。

后来，上了高中，上了大学，我就只有假期才能去看你。可是，你知道吗？那个男孩一直在爱着你。虽然现在,他已是大学三年级的大男孩了。

记得那年暑假，我到你那儿去玩。我们海阔天空地侃着。你忽然问我找上了一个没有。我明白你说的是什么，我说没有，没有遇上你这样的。你笑了：傻孩子，像我一样的老太婆？我就知道，你没懂我的意思，你永远不懂得，可我不能再说明白些。告别的时候，我总有一种异样的感觉。

后来的日子，我越来越想你。每次给你写信，我都在心里说，下次写信，一定要告诉你。我爱你。但一直没有写出来。只是心里下定决心，不管怎样，等到了毕业，我就面对面地告诉你，不管你怎么说。

可是……

有一天，你来信了，说你要结婚了。那突然而来的消息，愣得我半天没反应过来，你甚至没说你恋爱了呀。我终于忍不住了感情的掀荡，把那封信撕成两半，又粘好，继而又撕了。我撕肝裂胆地放声大哭了一场，在学校的田径场上跑了一圈又一圈，直到趴倒在地。第二天，也就躺着没起来，足足躺了五六天。同学们都笑我禁不起雨淋，在爱情航线上将会坎坷不平。我也默认了。他们不知道，我历经的第一次爱情航线是这么的崎岖。春节回家，不想在路上碰到了你。你挽着一个高高细细还算英俊的小伙子，远远地就叫阿文你好，微笑地伸出手来。你好，林老师。我握了一下你的手，然后转身就跑，你在后面叫我，我不能回头，因为我已泪流满面了。

我对那个小伙子没有嫉妒，也没有怨恨，我猜想你找上的人该不会差的。我流着泪默默地为你真诚地祝福。

我的猜想却错了。"林老师让那家伙甩了，吞了安眠药，在医院。"接到这个消息，我惊得说不出话来。你一直写信说你生活得很好。我也相信你会生活得很好。我信奉"好人有好报"的哲学。可我没料到，你是在骗我，你为什么要骗我？

我走到你身边，定定地看着你。你也静静地看着我，眼里盈满了泪。"其实我也爱着你呢。"你淡淡地说，"我一开始就喜欢上了你。只是当时我是一种与众不同的感觉，一种老师对学生的爱。"你淡淡地笑了，"可是后来，不知什么时候，我发现我竟然爱上了你。那年暑假，你来玩儿，告诉我你要找一个我这样的，你知道我是怎样的震惊吗？"

我记起来了。我说完那句，你怔了好一会儿才说话。我真傻，我竟没想到那一怔意味着什么。"可我怎么能够呢？"你的泪溢出了眼眶，"后来，我知道你爱着我，我猜想你毕业后定会说出来的，我也知道那时，我一定无法拒绝。……我于是匆匆结了婚。没想到……"

我用一双很成熟的手掌为你抹去眼泪。"我不再是孩子了，是吗？""可我比你大四岁。"

我想哭。你是因为比我大四岁才觉得爱情不能持久，你是觉得年龄是爱情的主宰么？

我把你的头靠在我胸上，任你的热泪大片地湿漉我的肌肤。我会一直把你的爱深藏在心里，不管今后的风风雨雨，我会倾心爱你。真的。

四季的景色早已不为我们驻留了。也许因为我们注重的东西太多太多了，失去的也就愈多，我们不该再失去什么，因为那样，我们将变得一无所有。

我对你喁喁倾吐。而你，温驯得像多年前我在你面前的模样。窗外，依旧风狂雨急。

室内那盆水仙花竟吐出了一朵美丽的小花，在暮春。

心灵感悟

<u>那些爱，让我们无法启齿，似乎总在等一个契机。然而，合适的机会迟迟不到来，等来的时候，早已有了诸多遗憾。好在，醒悟未晚……</u>

我就是你的那半个圆圈

高中三年级，别人还都忙得昏天黑日，我父母就早早地替我办全了出国手续，只等我领到毕业证go to 美利坚了。

我们班上有个男生人称阿G的特别能说，一般播音时间是早自习"体

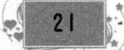

育快递"、课间插播"时政要闻"、午间"评书连播"、晚自习music，可每次考试他总有本事晃晃悠悠蹭到前几名。班主任拿他没办法，只好让他在最后一排和我这个"逍遥人"一起"任逍遥"。

那时候阿G又黑又瘦，面目狰狞，读英文像《狮子王》里的土狼，背古诗像刚中了举的范进。真的，后来我们逛动物园，猴子见了他都吱吱乱跑，他倒来劲儿了，拍我的头冲猴儿们介绍："This is my pet！"我也没含糊，告诉他："别喊了，看你的二妈们都被你吓跑了。"——这是后话了。

刚和我同桌的时候，有天下午自习，他大唱《我让你依靠》，我在一旁偷着喝可乐，唱到高音时，他突然转头问了一句，"嗓子怎么样"，我嘴里含着水差点全喷了，气得我重捶了他好几下。他却跟没事人似的，说我打人的姿势不对，所以不够狠。我叫他教我，他倒挺认真，还叫我拿他开练。第二天上学见着我，他头一句就是："十三妹，昨天你打我那几拳都紫啦。"边说还边捋袖子叫我看。后来我想，这段感情大概就是从这儿开始的吧。

以后阿G一直叫我"十三妹"。我跟阿G的交情在相互诋毁和自我吹捧的主题下愈加巩固。他生活在一个聒噪的世界里，总要发出各种各样的声响来引起别人的注意，好像这样就能证明他自己什么似的。我习惯了他这样，习惯了看他自己给自己出洋相，习惯了和他一天到晚吵吵闹闹。常常是上课我替他对答案，他趴着睡觉；吃饭我吃瘦肉他吃肥肉，因为他需要"营养"；打架，他不管输赢，我统统拍手称快；自习我背单词他用函数计算我的失忆率为88.7%；放学走在楼道里我们还要大呼小叫地互相嘲笑一番。

我们像哥们儿似的横行三年级，要多默契有多默契。

我听过一种说法，每个人都是一段弧，能刚好凑成一个圆圈的两个人是一对，那时我特别相信这句话。我越来越感到我和阿G的本质是一模一样的——简单直接，毫无避讳。我自信比谁都了解他，因为他根本就是我自己嘛。有回我对阿G说：

"我好像在三年级时待了一辈子。"

我没理会阿G大叫我"天山童姥"，我心里有个念头，这念头关乎天长地久。

高三毕了业，阿G还是我哥们儿。

现在回想起来我们之间其实从来没有牵涉过感情问题，因为我当时觉得好多事没有说出来的必要。我认定了如果我喜欢他那么他肯定也喜欢我，这还用说吗？我心里清楚我走了早晚会回来，因为我找到了我那半个圆圈，我以为这就是缘分任谁也分不开哪怕千回百转。临走时阿G说："别得意，搞不好折腾了几年还是我们俩。"这是我听到他说的最后一句话，我永远都忘不了。那年高考，阿G进了上大。而我刚到洛杉矶，隔壁的中餐馆就发生爆炸，我家半面墙都没了。我搬家，办了一年休学，给阿G发了一封E-mail只有三个字"我搬了"，没告诉他我新家的电话。

新家的邻居有一对聋哑夫妇，家里的菜园是整个街区最好的。他们常送些新鲜蔬菜，我妈烧好了就叫他们过来吃。我从来没见过这么恩爱的一对儿，有时候他们打手语，我看着看着就会想起那半个圆圈来，想起阿G，心里一阵痛。我买了本书，花了一个秋天自己学了手语。就这样我慢慢进入了这个毫无声息的世界。

他们听不见，只能用密切的注视来感应对方，那么平和从容，这是不得安生的阿G永远不能理解的世界。我闲来无事，除了陪陪邻居练手语外，就是三天两头地往篮球馆跑替阿G收集NBA球员签名或者邮去本最新的卡通画报，感动得他在E-mail上连写了十几个：P，还主动坦白正在追女生。

我呆坐在电脑前一个下午，反反复复跟自己说一句话"别哭别哭这又没什么不好"，可到了吃晚饭的时候，我已经流不出眼泪了。爸妈早就习惯了我这副精神恍惚的样子，什么也没问。再往后讲就是春天了。我还是老样子，只是手语有专业水准了，阿G在我这个"爱情导师"的悉心指导下，已初战告捷。我想，只要他快乐，我就也该快乐，能做他的哥们儿，也不错。纽约交响乐团要来演出，我背着父母替别人剪草坪忙了一个月才攒够门票。我偷偷把小型录音机带了进去，给阿G灌了张LIVE版CLASSICALMUSIC。阿G回E-mail却抱怨我只顾听音乐会，第一盘早录完了都不知道，漏了一大段。

我在心里默念着对不起对不起，眼泪又流了出来。6月份我回到上海，阿G参加的辩论赛刚好决赛。我不想让他知道我回来，悄悄溜进了会场。这一年来阿G变得人模人样了，他总结陈词时所有人都又笑又鼓掌的，我知道他发挥得很好，我早就知道。辩论结束，阿G他们赢了。下场时我看

第一篇 ◆ 夏日里的向日葵

见一个长得挺清秀的女孩笑着朝阿G迎了过去。但那一刻我知道，阿G需要的是有人临头给他一盆冷水，这样才不至于得意而忘了形，我知道，但这已不重要。回美国后我的信箱里有两封是阿G的。

第一封说他在辩论决赛场上看见一个人跟我简直一模一样，他叫"十三妹"那人没理他，可见不是了，不过能像成这样，真是奇了。第二封说他现在的女朋友虽好，但总感觉两人之间隔着什么，问我怎么我们俩就可以直来直去呢？

我在电脑上打了一封回信，告诉他其实我才是他的那半个圆圈，只是我们再也没有办法凑成一个圆。

这封信我存着没发。

我没有告诉阿G我家的电话。

我总能很容易地得到球星签名。

我背着父母赚钱看演奏，连磁带录完了都不知道。

我不想让阿G知道我回了上海。

我就这样无声无息地放弃了我的半个圆圈。因为，中餐馆爆炸后，我只有靠助听器生活了。

心灵感悟

<u>我就是你的那半个圆圈，不能告诉你是因为我不再完美。明白的人懂得放弃，真情的人懂得牺牲，幸福的人懂得超脱！当若干年后我们知道自己所喜欢的人好好的生活，我们就会更加心满意足！</u>

<u>我不是因为你而来到这个世界，却是因为你而更加眷恋这个世界。如果能和你在一起，我会默默地走开，却仍然不会失掉对这个世界的爱和感激——感激上天让我与你相遇与你别离，完成上帝所创造的一首诗！</u>

第二篇

数到三就不哭

　　为什么总要在失去后，才想起挽留；为什么总在失去后，才知道思念；你若是真的爱你身边的人，那么就你请珍惜所拥有的这段感情吧！十六七岁的女孩常常会梦想有一天自己遇到一个英俊的男孩和她相爱。那种朦胧的爱情谁又未曾经历过呢？流逝的岁月将美好的回忆淡淡抹去，晴朗的天空下又响起我爽朗的笑声。

忽视就会失去

他从乡间给她带来一袋玉米,她煮了一个来吃,饱满糯甜。他看到她那副沉醉的样子,笑了。

她对他最初的感动,是缘于他等待的耐心。因为晚自习,夜黑,她和他约好了在一个路灯口下见面,然后一起走。

于是,很多个晚上,当她匆匆地赶在路上时,隔不远便可以看见一个清瘦的男孩子静静地立在灯下——差不多每次都是他等她。

有一个晚上,不知为什么,她迟到了将近两个小时,最后急急地赶到那里时,满以为他走了。不料,他仍如往日一样在那里静静张望。

这一刹那,便成为她日后柔情涌动的回忆。

他一直很宠她。他的至诚让她相信:他们的爱是可以恒久的。

这一阵子,学区要举行教学比武大赛,她作为学校的代表之一,开始忙碌起来。

于是和他的见面少了,电话少了。他心疼她,老跟她说不要太累了。她心里甜蜜,却又急急地要结束对话,说好了,好了,要做事去了。

其实也不是真的忙得没有一点空隙。在空闲的时间里,也想着要见他,要跟他说话。转而又想:爱情握在手心,是这样的平实与温暖,飞不走的。

忙完之后,再去找他,却渐渐地发现了他的冷淡。

她开始不安地感觉到有一种美好正悄悄消逝。她的不安一天天地扩大,直到那天,他平静地说:分手吧。她拽住他的衣角,追问自己做错了什么,她可以改……他说没有谁错,然后轻轻挣脱。

她不明白曾经是那样一份令她放心的爱情,怎会说走就走呢。

一个人愣着睡不着。半夜经过厨房,蓦地想起冰箱里的玉米,他给她带来的。她煮了一个来吃。玉米已是干瘪无味,全无先前的饱满糯甜,像是在无声地谴责她的遗忘。

她忽然潸然泪下。她所忽视的恰是她珍爱的,她的爱情不正如这玉米一样被她搁置得太久?

心灵感悟

人生的许多事都有它特定的时间，错过就不再是原来的东西。学会珍爱，学会重视。爱情也是需要注入新鲜血液的，搁置和漠视爱情的人，只会失去它。学会爱，珍惜爱，才能拥有爱。拥有爱时，不懂得珍惜，当失去爱时才懂得珍惜，而此时你却要付出拔起一棵大树而重新种植一棵幼苗，并且呵护它长成大树的努力。

我和CS哪个更重要

走出赛区，看见大门口蹲坐着一个熟悉的身影，走过去看是诺儿。我拍拍她，她显然吓了一跳，见是我，舒了一口气，把一个保温饭煲递到我手里。我接过后，她慌忙把手藏到身后，可是我还是看见她手上被烫的水泡。

盒里的饭有点凉了，我问她："等很久了吧？"

"对啊，你手机关掉了。"她撅着嘴。

"不是告诉你不要来嘛。来，让我抱抱，累了吧？"我有点心疼。

"我不来你又饿肚子，你一点都不乖，还挑食。"

我吃着盒里的饭，诺儿坐在我身边，紧张地问："好吃吗？好吃吗？"我大口大口地扒着饭，说实话，挺难吃的，可是我能想象得出这个连袜子都不会洗的女孩是如何笨手笨脚地为我做第一顿饭。心中是久违了的感动。我笑着说："当然好吃了，你看我不是全部都吃光了吗？"

诺儿听了一脸满足地笑着，站起来就走。

"诺儿你去哪儿啊？"我问她。

"回家呗。"

"别急，我带你去一个地方。"我把她领进赛区，我从没领女孩儿见过朋友，更别说是赛区。队友们见到诺儿都好奇极了，"小嫂子、小嫂子"地叫着，弄得她脸蛋都通红的，队友们都跑来跟我打趣，我心里明白，我是真的爱上她了。

QQ上，我问她，"诺儿，你嫁给我好吗？"

她还是呵呵地傻笑，痛快地说："好啊。以前别人说什么要娶我，我觉得特恐怖，但是我现在突然想嫁人了。"

嗯，诺儿，相信我，等我攒够钱让你做最风光的新娘，我们就结婚。

虽然我们队没有拿到第一，但对于我们这支刚组建不久的队伍来说，全省第二的成绩已经是非常好的了，所以我决定继续努力，非打第一不可。

CS的比赛越来越多，我也越来越忙，我忘了多久没想过诺儿了，我总是比赛到很晚，偶尔在QQ上看到她，她也总是很沉默，我不知道她怎么了。现在想起来，才知道是自己不对，因为我从来没有关心过她是不是开心，过得好不好。

一天，她说："你能陪我说会儿话吗？"

我说："不行啊，我现在在联系比赛正在等电话。而且马上要开赛了。"

"就一会儿也不行吗？"

"诺儿乖。"

"CS对你来说真的很重要吗？"

"是。"

"那我呢？难道我就一点不重要吗？"

"也重要。"

"那我和CS哪个更重要呢？"

"CS。"我没有骗她。

很久她的QQ头像都没有再动。

几天后，我看到她给我的留言："我不知道能不能等到自己比CS更重要的那一天了，以后你要照顾好自己……"我觉得她像是在说傻话，没看完就关了QQ。

几个月后，打完CS回到家已经是精疲力竭了，倒在床上一动不想动。这时手机响起来，我不想接，可它却响个没完没了。我一看是诺儿的号，就没好气地接起来说："不是叫你这几天别打电话给我吗？你不知道我有多累……"

电话那一端传来一阵怒吼："……你他妈的还算不算是男人啊？"

不是诺儿，我一愣，"你谁呀你？"

"你甭管我是谁，明天诺儿出殡，你要是也算个男人，就来看她最后一眼。"

诺儿？出殡？什么跟什么呀？我还想再问下，电话戛然挂断。

忽然一股恐怖感占据了我，我拼命的回拨，很久才有人接起来，是个很苍老的声音，"你找……"

"诺儿呢？"

"她……不在了……"声音里明显带着哭腔。

我的脑袋轰的一下，难道，诺儿她真的出事了？

那天，我看见诺儿被他们抬了出来，她脸上还带着微笑，可天使般的微笑再也泛不出光晕了，诺儿的朋友看我的眼神分明是仇视的，恨不得吃了我。诺儿的妈妈告诉我，诺儿有血小板减少症，家里人什么都不让她做，生怕她不小心弄破了手指或是什么地方，血流不止。原以为治好了，可后来不知怎的，血小板又突然下降，心脏功能也开始衰竭。前几天她突然精神很好，我们都明白那意味着什么，她说她想听听你的声音，打电话给你，可是关机，她说你一定在比赛呢。有人说去找你，可诺儿不让，她说比赛对你很重要，她怕你生气，说着说着自己就哭了，我们也都跟着哭，她说肯定有一天你会明白，她比CS重要，可她等不到了……诺儿妈妈有抹起眼泪来。我好几天没打CS了，呆呆地看着诺儿的QQ形象，自从诺儿走了以后，我整个人好像被抽走了力量。身和心都特别疲惫。

我打开诺儿的QQ才知道，里面只有我一个人的号。

我注意到她的资料里有一个网址，打开是个心情驿站，有各种各样的故事，其中有篇文章的署名是诺儿。

"不敢想象，我就那么无可救药地爱上了他。我喜欢他的温柔，也喜欢他假装凶巴巴的样子，我想如果有一天他向我求婚，我一定会嫁给他。

我最近很不开心，我喜欢听他说话，可他却连话都不愿意和我说了，因为他很忙，他要打CS。他再也不叫我小傻瓜了，他从没说过爱我，也没送过花给我，可我还是喜欢他。

有一天我告诉他江边涨水了，他说以后陪我看，我很高兴。有一天我看见一只很可爱的小狗，他答应我，我们以后也会有一只，也叫诺儿，我很高兴。他说过几天陪我去看电影，放风筝，我特别开心，虽然这些都还

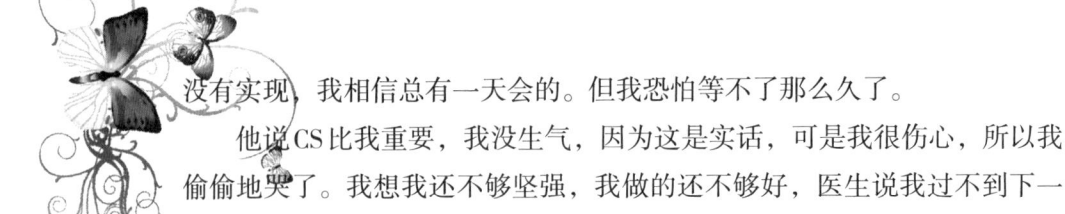

没有实现，我相信总有一天会的。但我恐怕等不了那么久了。

他说CS比我重要，我没生气，因为这是实话，可是我很伤心，所以我偷偷地哭了。我想我还不够坚强，我做的还不够好，医生说我过不到下一个生日了，他还不知道我的生日呢！不过这也没关系。

我又虚弱了，刚打了几个字就很累，真的很没用。

我知道他有很多女朋友，这样也好，我走了，他不会伤心，虽然我是那样想嫁给他，我一直盼他送我玫瑰，哪怕只一支，以前有很多人送我，可我没收，因为那代表爱情，我想我可能等不到他送我的那一天了，所以我偷偷买了一朵送给自己，我想我写什么他永远都看不见了，所以我可以随心所欲地敲打文字，我刚才打电话给他，但他关机了。那个讨厌的声音一直重复'对不起，您拨打的电话已关机'。我好想，真的好想再和他说说话，哪怕就一分钟，听听他的声音也好，我们好久都没见面了，我每天都好想他。真没出息，又哭了，唉，其实我真的好放心不下他，他玩游戏时间长了眼睛会疼，我买了眼药水却没法给他，还有，他挑食……"

文章没有写完，想是她累了，结尾有一个Flash，我点击Play，优雅的声音在空空的房间里回荡。

"静静地陪你走了好远好远/连眼睛红了都没有发现/听着你说你现在的改变/看着我依然最爱你的笑脸/这条旧路依然没有改变/以往的每次路过都是晴天/想起我们有过的从前/泪水就一点点开始蔓延……每当我闭起眼/我总是看见/你的诺言全部都会实现/我亲过你的脸/你已经不在我身边/我还是祝福你过得好一点/断开的情线/我不要做断点/只想杂睡前听见你的蜜语甜言……"

Flash制作得有点粗糙，可我那憋了很久的眼泪还是滴了下来，画面的结尾还有一行行的小字。

"想听你说爱我，一声也好；

想接受你送的玫瑰，一朵也好；

想再多点时间爱你，哪怕只一秒；

可是现在，我的手都已经好颤抖，好想再见你一面。"

我一个人坐在漆黑的房间里，终于大哭起来，我就那样错过了你，我最爱的女人，还来不及宠你，还来不及实现诺言，还来不及让你做我最美丽的新娘。

该死的CS，我连你最后一面都没见上，我真该死。

是的，我终于明白了你是最重要的，可惜你不能再等我了。

今年清明没下雨，我放弃了CS，做了白领，我一定会要你做我最风光的新娘。

"生日快乐，小傻瓜。"

每个礼拜我都会来这里，我只想和你说说话，纯白的墓碑宛如你的纯洁。微风像你的发丝轻拂过我的脸，想念我那依然最爱的你的笑脸。

朋友、家人都惊讶于我的改变，我不抽烟了，不打CS了，不上网了，养了一只和你一样可爱的小狗，像当初我们说好的那样，叫它诺儿，我只想再和你说说话，再送你最美的玫瑰。

诺儿，我爱你。

心灵感悟

"十年修得同船渡，百年修得共枕眠"，前世千百次的回眸，换来今生的相遇。

有的人，我们一辈子也等不来，而有的人，等来了，我们又不懂得珍惜。遇到一个情投意合的人多么难得，而失去一个人，却又是那么容易，转瞬之间，就会无影无踪。

数到三就不哭

"Missing you，我会倒数，数到三就不哭，就在这一夜，让爱结束，带走我给你的祝福，我不哭，我永远会记住，我们的爱情路，我带着你的爱，一步又一步，慢慢走向远处……"空荡荡的大街，冰冷的空气，刺骨的寒风迫使我用自己略带余温的双手紧紧捂着冻得发红的脸颊。听着mp3里传出的凄美的歌声，泪水不由自主地滑落在地，凝结成一朵朵晶莹的水晶花。

我不是个坚强的女孩子，我很感性，对感情的事极其敏感，我爱哭，爱用泪水诠释感情。我喜欢用带泪的眼睛仰望天空，水水的，有一种灵动的美。

和他在一起快半年了，这段时间里我们几乎天天粘在一起，本该到了厌烦的时候，但是自己却越陷越深。我是个守旧的人，不喜欢现在快节奏的感情方式，所以特别在乎已经拥有的人和所有的一切。也许是感情经历坎坷，不想再受到一点点伤害。但是不知为什么，对感情越在乎他就离你越远。越是想紧紧抓住越会从你手中流走。

人都说，两个人交往，前三个月不是真正的爱，那只是刚开始的一种冲动。如果两个人感情不坚，超不过三个月就会分开。超过三个月了，那才是真感情。可是，事事难预料，世界上没有绝对的事。这不是常理，更不是定义，我们没有任何感情的依据。佛教说，一切随缘。我喜欢随缘的感情，不用刻意去追求，不用红娘说媒，只是听凭月下老人默默牵线，我们就会自然而然走到一起，然后用心栽下我们爱的情种，小心呵护，让它生根发芽，慢慢长大。然后再随我们一起入土，一起融化。只不过，感情是永远也不会消失的，即使我们在不同的世界，我们的心也会连在一起。

时间现在是熬过去了，但是感情却总是开小差，为一点点小事就会翻脸。心里很难过，不想这样一段很美的感情毁在一刹那，更不想结束已经拥有的一切。但是我清楚，感情是要靠互相来维持的，不是死命的坚持。如果真的失去了最初的感觉，或者说那种叫做"真心"的东西已经没有了，那再坚持也是白费，还不如早点分开，各自寻找真正的另一半。

听着陈慧琳的这首歌，还没有数就已经是泪流满面了。也许是因为太在乎了，也许是还不适应这种孤单的境况。我们并没有分手，谁都没有说，只是变得越来越沉默。有人说，两人之间的沉默或许是达到了心有灵犀的境界，或许是感情走到了尽头。至于我们是哪一种，我也说不好。我只希望自己不要流太多的泪水。女孩子的眼泪是珍珠，只有为自己最心爱的人而流。我默默数到了三，泪水已经在我的睡梦中凝固。

心灵感悟

　　爱情中，总有一些难以解开的结，让我们忧伤却无法表达，只能让心事在心里纠结，任凭泪水夺眶而出。有缘无分是最最遗憾的事。遇到了却不能长久相爱，要比没有遇到更让人难过。

在该相遇的地方错过了牵手

那一刻，当你逼真地站在我的面前——似曾相识——你是我已经凋落在岁月里，那遥远梦境里的是你吗？那不知道是在何时遗忘的曾经藏于心灵深处的感情，突然间，有种久违的感觉，竟酸楚了眼睛，湿润的心房，悄悄流淌着多年过往的情节，你，唤醒了那沉睡已久躺在一片杂草丛中最原始真实的我……

是呵，多少的往事，已难追忆，多少的恩怨，已随风而逝，有的情事已然尘封；有的经历已经成为沧桑的记忆，都慢慢的、在日子的滚动里模糊。

再刻骨铭心的爱，也已经化为云烟，风雨洗刷后，埋入荒芜了的感情沙漠地带，不想再去问津，也不想再去触碰。

如今，我的心，是被生活蹂躏的破碎花瓣，漂浮在凄凉的河面，不知道游向何方；也许，只要有风吹着，就可以任由波浪推着，一直到吞噬水的口中；我的爱，是过早冻结在阡陌红尘中的一堆废墟，风沙掩埋了爱过的痕迹，而在寂寞的回想里，就会流下泪水……

走在孤独的只有自己一个人的路上，一边包扎生痛的伤口，一边在频频的展望中，睁一双期待的眼眸，企盼有一个温暖的怀抱，拦截我的疲惫，从此栖歇在真情的港湾。再不要颠簸——而那个望眼欲穿的人，怎么也没有出现，直让我的眼睛酸胀，不想再去巡视……

此刻，望着你——仿佛是望见了我的少年时代做过的甜蜜的梦；那遥远的纯情几乎还没有绽放，就凋落在人生的泥泞中；难以捧起那一分如泉水一样清澈的清纯；望见了我身后一路走过来肩上的风尘和累累伤痕，或许到老也不能够愈合熨平……

望着你——我确信，你已经是我凋落在身后的旧梦，而无法重新拾起；我确信，你是我在感情沼泽地里遗落而不可以回头去取回来的人生拐杖；既然在该相遇的地方错过了牵手；既然，在青春的时光不曾一起跌进爱河，陶醉一路的花香；既然，前世的无缘没有缔结今生的姻缘；那么，我只有轻轻拭去腮边的凉凉的泪水，在痛楚的遗憾里，即使心底深深的地方，也不敢把你存留以免——又是一个没有结局的故事。

我们是同一棵树上落下的种子么，风起的时候，各自飘落天涯，你就是你，我就是我。你在远方的那一边，不曾看见这边有我真诚渴望的守候；而我这一边，苦苦寻求，却从来不道，你的身影就一直伫立在我目光未曾触及的地方……

其实，我们就像一根藤上结的两个瓜，我们有一样的心灵、一样的向往和追求，只是，我们背对着背，你面朝南、我面朝北，所以，我们彼此的视野才从来不曾相遇，就这样错过了开花的季节呵！既然在该相遇的时候错过了牵手。

心灵感悟

在该相遇的时候错过了牵手，因此，你成了我心中一个美丽心结。少年时代做过的甜蜜的梦，点点滴滴都在我的心底，泛起思念的涟漪。

杨桃和玫瑰

我第一眼见她，便觉眼前一亮。

那天是小荞的生日，她请了一大帮朋友，我抵达时，来宾中几个厨艺高手正在厨房津津有味地做着法式料理。

那个酷似张曼玉的女孩正和一大帮人高谈阔论。我过去时，他们正在为愤怒和大怒有什么区别争论不休。

这时，那女孩拿起身边的电话，对大家说："你们别争了，我来给你们解释。"说着按下免提键，拨了一个号码。"喂。"她问对方，"杨桃在家吗？"

"这里可没有人叫杨桃。"接电话的男人回答，"你打电话前，为什么不查清楚号码？"说完挂机。

她一笑，再拨那个号码："喂，杨桃在家吗？"

"你听着！"那个人喊道，"我刚才已经告诉过你，这里没有杨桃！"跟着他就砰地把电话挂断。

"你们看，"女孩解释，"这就是愤怒。现在我来让你们知道愤怒和大怒有什么区别。"说完，她又拨了那个号码。对方正要发作，女孩若无其事地说："我就是杨桃，有没有电话找我？"

我们静默了大约半秒钟，便大笑不止。笑声中，杨桃挂断电话，站起身，拍拍手说："现在，他在大怒。"

这是杨桃给我留的第一印象，可爱，幽默，漂亮。后来我才知道，原来，杨桃是《文友》杂志的一名编辑，主持着一档呼声很高的幽默栏目——《雪地上撒野》。

那晚聚会，我的目光一直不离杨桃左右，脑筋都转疼了，也没有想出接近杨桃的最佳方案。

大概到十一点钟，生日会才结束。

我好容易找到个借口，送杨桃回家。

许多年后，我一直忘不掉那样一个夜晚。深蓝色的夜空，凉风习习的六月天，身边可爱的女孩子，她的小虎牙。

一路上，杨桃不停地给我说着笑话。有时，她也忍不住一个人往前跑几步，然后回身招呼我："周远，快呀。"

我看着星光下，那个充满青春活力的女孩，整个心都沉浸在一部最感人的电影剧情中，我那时感谢上帝，终于让我遇见了一个可爱的女孩子。

杨桃是个非常随和的女孩子，虽然是大编辑，却没有一点架子，我约她出来，她只要有时间，便爽然赴约，而且，从不迟到。

那时，我已是杨桃最忠实的读者，我可以不买《读者》，不看新闻，但绝对不能不读《雪地上撒野》。

我的屏幕保护，也把张曼玉的照片撤了。

每当电脑停止时，便会有一行2号的老宋体从右至左徐徐而过：杨桃，周远一辈子喜欢你。

我知道杨桃有个很浪漫的英文名字：Starfruit。杨桃的幸运色是圣母蓝。

杨桃的幸运花是玫瑰。

每个周末，我都会送一朵红玫瑰给杨桃。

杨桃终于被我一点点感动了。

那时，各大影院正在放《玻璃之城》。杨桃给我打电话："周远，玫瑰不只在周末开两天了，我也学会了给玫瑰花瓶内放阿司匹林。希望每朵玫瑰都能长开不败。"

我放下电话，在办公室里兴奋地跳起来。幸好是中午休息时间，不过还是被小荞看见了，小荞瞥我一眼说："周远，你练健美呀？"

一个月后，我和杨桃终于开始谈情说爱。

那天，在月亮底下，杨桃美丽异常。她将长发绑成一个马尾，脸上非常干净，没有一点妆，始终微笑，眼睛弯弯的，小虎牙。

杨桃问我："周远，你是不是金牛座？"

"是呀，是呀。"

我不明白杨桃什么意思。

杨桃说："金牛座的男人有很多缺点呢。比如，银行里没有一点存款，晚上就睡不安稳；平时是一头温驯的牛，妒火中烧的时候就变成了斗牛；行动迟缓，只要催他，他就很容易翻脸。"

我的心一下子抑郁起来。

杨桃看我一眼，不笑了。她一字一字地说："一个风和日丽的早晨，公主去牧场玩，突然发现在牛群中，有一头特别会唱歌的牛，他的歌声如同天籁，吸引着公主不自觉的朝他走去。公主一看到这头牛，马上无法自拔地爱上了他，因为他不仅歌声完美，就连外表也一样好得没话说。"

这时，我已知道杨桃在对我讲金牛座的爱情神话故事。我马上接口道："正当公主慢慢靠在牛身上与他一起忘情的歌唱时，这头英雄的牛突然背起公主朝天空飞去。"

说完，我和杨桃四目相视，我问她："你是那个公主吗？"

杨桃反问："你是那头英雄的牛吗？"

我拉起杨桃的手，将她轻轻一拽，她便跌倒在我的怀里。杨桃抬起头，脸有点红了。我俯下头，吻她的唇。

幸福的日子，总是飞逝，不知不觉，到了冬天，我和杨桃准备结婚了。

十一月初，杨桃接到了台湾省《幼狮文艺》的邀请书，她在电话里告诉我时，我才知道她的小说获了奖，她也因此需要去台湾省。

我们的婚期便暂且拖后，我送杨桃去机场。杨桃临去时，突然返身朝我奔来，我们在人来人往的机场旁若无人地拥吻，那时，我没有想到，这，竟是我见杨桃的最后一面。

杨桃再也没有回来。在台湾的地震中，她真的被天上的牛背走了。

好长一段时间，我不能思想。依然习惯性的想念着杨桃，打开电脑，记忆徐徐而过：杨桃，周远一辈子喜欢你。

看到星星，我会想起，杨桃说，她是一种美味水果，切开来，每一片都是星星的形状。

打开电视，看到凤凰台的《非常男女》，我会想起杨桃说的"你是困难户哪，该上《非常男女》了"。

看到玫瑰，我会想起，杨桃说她给花瓶内放了阿司匹林，希望每朵玫瑰都能长开不败。

我的世界一点点灰暗下来，一直难以接受这样一个事实。杨桃那么爱笑，那么青春，那么幽默，那么热爱生活。

可是，《文友》杂志上不再有《雪地上撒野》，不再有杨桃这样一个名字。

那年冬天，窗台上养的玫瑰，在我为它剪了枝后，终于没能熬过去，我看见它的叶子，一点点地变黄，我甚至可以感知它在生命即将枯萎时，怎样痛苦地挣扎过，直到耗尽最后一丝力气。

我不去上班，躺在阳台上发呆，有时，会随手打开一本书。《火星的井》说："所有的一切都将擦身而去，任何人无法捕捉，我们便是这样活着。"我的眼眶潮湿，真切地感受到了生命的脆弱。

我想念着杨桃。

不久，我递了辞职报告。递报告的当天，领导挽留过，但我不能振作起来。

隔日，我背上大包，离开了这个充满伤感的城市。

杭州，是我的另一站。在这个陌生的城市里，我是一个郁暗的男人，我白天睡觉，晚上泡吧，喝XO，钱很快就所剩无几，十分落魄。

与原先的朋友全断了联系。

但依然会在周末，买一朵玫瑰。玫瑰总是没有拿回家便谢了。也许是不再有爱情的缘故。

十二月的一个下午，天气有些阴沉，我独自一人去西湖散心，却在那里见到了一个很奇怪的花店，花店名叫杨桃与玫瑰。

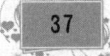

是花店的名字吸引我走进去。卖花女孩穿一件蓝格子的棉布裙，长发飘飘。她抬起脸时，我有片刻不能呼吸，等再仔细看时，才看清不过是一个和杨桃相像的女子，她略微丰满，而且，杨桃是双眼皮，她的眼皮是单的。眼睛不像，整个人便相差很多了。笑起来，又比杨桃多了一颗虎牙。

我悬起的心，落了下来，非常失望。

让人哭笑不得的是，杨桃与玫瑰是两个女孩合办的，杨素锦与巴桃桃。取名便为杨桃。与我的杨桃根本毫无瓜葛。

我很快离去。

在当晚的曼哈顿酒吧，再次遇见那个有点像杨桃的杨素锦。那天，我喝了许多酒，没有完全醉，但脚已不听使唤了，是素锦把我扶到街上，拦了的出租。

那晚我十分失态。素锦把我扶到住处后，我不让素锦走，我突然十分渴望倾诉，而素锦是一个很好的倾诉对象。她是一个陌生人，走出我的小屋，也许，此后我们便成陌路，不用担心什么，更不会有什么心理上的压力。

素锦真的没有走。

只记得她一直坐在靠窗的椅子上，隔着月光，倾听着我和杨桃的爱情，直到她落泪。

有人说，时间是医治心灵创伤最好的良药。但我不知道，我忘记杨桃需要多少年——10年，20年，还是一辈子？

在这期间，素锦是我在杭州唯一的朋友。与她在一起，我会有一点点安慰。我喜欢在酒吧内，在烛光下看素锦，因为光线昏暗，我看不大清她的眼睛，这种恍惚使她像极了杨桃。

素锦却不知道。有时，在我凝视她时，她会不好意思的掉过头去。那时，我当然不知道，自己的这种行为，让素锦产生了误会。

半个月后，在"曼哈顿"，素锦忽然说："周远，杨桃不会希望见到现在的你，为什么如此颓废，不去尝试一次新的感情呢？"

我抬起头，十分困惑的看着她。

她接着说："周远，我可以爱你吗？"

我一点也不明白，素锦为什么会爱上我。我是一个心上有创伤的郁暗男人，我的未婚妻死于地震，她是一个那么充满青春活力，那么热爱生命的人，我是那么那么爱她，我想没有哪个女孩可以再让我如此付出了。当然，素锦也是个好女孩，而且，她和杨桃长得还有点像，但她毕竟不是杨桃。她的眼皮是单的，多了一颗虎牙，而且，也许是长期卖花的缘故，她的身上有一种淡淡的、退不掉的玫瑰香，这一切，都让我无法爱上她。

但是，我不知道如何拒绝一个女孩子的深情。

我想了三天，和素锦办了结婚登记。因为走不下去了，如果不选择结婚，就只能沉沦下去，也许，新的生活可以改变我。

素锦搬过来以后，我的屋内终日弥漫一股淡淡的玫瑰香。她开始做一个妻子分内的事，打理家务，洗衣烧饭，我从外面归来，她甚至勤快到把拖鞋递到我的面前。

她的确是一个无可挑剔的好老婆。

但是，我却自始至终不愿接近她的身体。每当挨近她，看到她的眼睛，杨桃活泼可爱的样子便会浮现在我眼前，我刚刚产生的一点激情便瞬间消失无踪。每逢此时，素锦的眼里便会漾起一丝失望，但她始终没对我说什么。

为了避免这种尴尬，我很快在网吧找到一份工作，很晚回家，或者不回去。

我把网吧内所有电脑的屏幕保护都换了，打开来，清一色的2号老宋体徐徐而过：杨桃，我想你。

非常壮观。

我这个样子根本无法与素锦共同生活。

有时凌晨回去，见素锦团在沙发上睡着，手中还捏着没有关掉的广播。我走过去，素锦立刻惊醒，见我回来，马上起身，问我吃饭没有，要不要去做一点夜宵。

看着素锦，我有点哽咽。我问她："素锦，为什么要对我这么好？"

素锦说："你那么爱杨桃，我想如果有一天你爱上我一定也会对我那么好吧？我一直在等着这一天。我爱你。"

素锦的一往情深给我带来了无限的压力。

我尝试过忘掉过去，去做一个好丈夫。我开始给素锦买衣服，但神使鬼差，我给素锦买的衣服都是杨桃惯穿的牌子，旧牛仔、班尼路的T恤。

我依然喜欢在烛光下凝视素锦。

有一回，素锦忍不住握住了我的手。我在她眼里分明看见一丝渴望，结婚好几个月了，我碰都没有碰过她。

然而，我眼中的冷淡，使素锦松开了手。

早春二月，我又几天没有回家，再回去时，是早上9点钟。离老远的，就看见自家阳台上挂的一溜清洗过的衣服，我的条纹布衬衣在风里轻轻飘荡着，我心里忽然十分内疚，不知该如何回去向素锦道歉。

屋内，素锦不在。桌上有一张便条，上言：周远，我一直以为自己的痴情可以使你忘掉过去，可是，我很失败。洗衣服时，在你贴身的衣袋里，我看见了杨桃的照片。我看着自己身上穿的，你买给我的，与杨桃一模一样的衣服，很不争气地流泪了。我们离婚吧。

我想过挽留，又怕再伤害素锦，只好算了。

离婚之后，与素锦合伙的女孩也不做了。素锦把花店留给我，自己去了别的城市。

我辞了工作，专职经营花店。卖花是一件非常寂寞的事，尤其卖玫瑰。玫瑰是灵动的，常让我想起两个女子：我至爱的杨桃，我亏欠的素锦。

我的住处，自素锦离去之后，便再也没有那淡淡的玫瑰体香。尽管，每个周末，我会带枝玫瑰回去，玫瑰总是很快枯萎，花香难留。

有一晚，在梦里，竟然梦见了素锦。她一句话都没有，只是不停地流泪。我从梦中惊醒，天还未亮。

没有拉灯，我斜靠在床头上，在黑暗中点燃一支烟，想起婚后，自己无数次的大醉归家，大吐不止。素锦在我面前，埋着头，一点点的清扫那难闻的污秽。结婚数月，我不接近她，甚至整夜不归，会不会伤到她的自尊？

那一天，我一支接一支的抽烟。我有一点点怀念那个有着玫瑰体香的女子，我当初为什么不能为这样一个情深意重的女子重新活一回呢？

六月的一天，花店生意格外好。

黄昏时分，我正埋头插花，突然听见一个年轻女子的声音：请问有玫瑰吗？

我抬起头，那一刻，我有点不相信自己的眼睛。面前的女孩穿一条洗白的仔裤，淡粉的T恤衫，头发梳成两条松松的麻花辫子，一笑，露出一颗小虎牙。

很深很深的双眼皮。

杨桃！我几乎失声叫出来。可是，当我挨近她时，却闻到了一股极淡的只有素锦身上才有的玫瑰香。

我站在了那里，不能确定，她是谁。

女孩深深地看我，然后说：周远，我们可以重新开始吗？

心灵感悟

对于那些永远失去的美好，我不再存有遗憾或者自怨自艾，因为美好的东西本身就是短暂的，像烟花一样，瞬间绽放旋即消失。舍不得，再舍不得，一程一程的纠葛也改变不了事情的结局，时间已经从指尖流走了，恍惚中最好的青春就要过去了，那些或明或暗的日子让它属于记忆，清醒的看着自己愚蠢，痛并快乐着。请珍惜眼前人。

对你的爱情已经过了保质期

他乐观，开朗，睿智。但缺少一点自信。这来源于他小时候的一场车祸，使他毁容，手术后脸上留下一块蓝色的记号，医生说这需要等到20岁以后身体不再发育，再到医院做一次手术才能去除。

这场车祸，使他的思想你起同龄人来成熟了许多。在和朋友的交谈中并没有什么不一样，只是每当别人问你脸上的疤是怎么回事时，他才觉得有些自卑。时间一长，他自己也不觉得了，还经常拿它来和别人开玩笑说："这是当年欣赏美女被他男朋友打的。"逗大家开心。

她温柔，大方，可爱，但算不上是什么美女，他俩就读同一个班，感情也非常好，渐渐地，他喜欢上了她。却一直没有向她表白。因为他不想让别人说她男朋友脸上有一块疤，而使她丢面子。

所以只是默默地爱着她，她喜欢花，可他对花粉过敏，但依然带她去参观各种花展，每次看完后，他都因为花粉过敏，导致全身长满豆豆。他却只是回想当天的花展多么美，而从没注意每个花展的第二天他都不曾来学校上课。他喜欢看演唱会，他便用自己辛苦做兼职来的一点钱和节约下来的生活费，为她买昂贵的门票。他从来没有为她的付出而感到累过，因为他把她的开心当做最美好的回报。

她开心时，他的心在燃烧；她伤心时，他的心在破碎；她流泪时，他的心在流血。

爱她的心一天比一天重，他无法控制自己的感情，为此他苦想了好几个夜晚。

最后他决定让她明白他的心。因为他认为这个世界没有谁对她会比他对她更好，他不想做今后可能后悔的事。

于是他为了给她一个浪漫的表白，他每晚熬到深夜才睡，只为了亲手为她折那九百九十九朵玫瑰花给她，因为他知道她喜欢花。当他带着这些玫瑰花送她时，她兴奋不已。这也许是她第一次感到他的存在。她看着他的眼睛说了声谢谢。

当他对她说我爱你时，她看着他脸上的疤说了句对不起。他并没有怪她，要怪只能怪脸上的疤。

时间匆匆而过，高中生活已经结束，渐渐地他习惯了没有她的生活。今天是他20岁的生日。

按照约定他去医院做了第二次手术，结束他的噩梦。手术后他对着镜子笑了笑。成熟中带有那么一分自信。

命运真会开玩笑，他和她竟然考上同一所大学。这天他和她在校门口相遇，她看着他，眼神中透露出一丝后悔。他看着她，心中只觉得一阵酸痛。

她说："你送我的玫瑰花我一直都留着。"

他说："可为你折玫瑰花的心已经死了。"

她拉住他的手想要挽回。他多么希望这就是曾经送花的那一刻。他强忍着自己的感情，挣脱她的手，还没等得及他转身离开，泪水却早已滑落到额下。

心灵感悟

爱情的保质期，它如同花朵的保质期一样，要想鲜而不腐，就要用爱去呵护。过了保质期的鲜花会枯萎，过了保质期的爱情，同样也会枯萎。

缘分这东西

缘分真是一种说不清楚的东西。

男人与女人之间的缘分尤其说不清楚。

也许,都是因为有了缘分这东西,才引发出人世间无数的情爱恩怨,也才繁衍出大千世界里道不尽的悲欢离合。

那天,在美国圣路易斯市,刚刚采访完美国著名的化学品制造公司孟山都公司,主人为我们推荐了附近的一家中餐馆。

那家中餐馆不算大,但陈设极有古典中国味。朱红色的大门,紫檀色的桌椅,黄团锦缎的坐垫,加上玲珑剔透的青花白瓷餐具,真透着中国食文化那种十足的富贵与雅致。

吃饭的人不多。离下午的采访时间还早。于是,我们慢慢悠悠地用餐,轻轻松松地谈笑,心安理得地享受着美国绝对以顾客为尊的服务。

我发现,一个侍者围着我们的桌子直转悠。

"有什么事吗?"问了他一句。

"没有,没有。"他笑容满面地回答,并就势走到我们眼前搭讪着问:"你们从北京来?"

美国的中餐馆侍者多是美籍华人。这一位就来自台湾省。

他不很高,黑瘦黑瘦的,下巴上留着稀稀拉拉的胡须,人看上去已经不算年轻了。他说一口蹩脚的普通话,要慢慢讲我们才听得懂。

也许是难得有人听他说话,也许是同胞之情难以自禁,他滔滔不绝的讲述着他的故事。

于是,在异国他乡那个幽静的小餐馆里,我听到了这个关于缘与情的故事。

他说他很早就来美国了。他把女朋友留在台湾,说好等他站住脚后再回去接她。女朋友是青梅竹马的伙伴,人很漂亮,书读得也好,就是脾气大了点儿,动不动就爱发火,他说缺少一点儿温柔。

那时他年轻气盛,不懂得让人也不懂得疼人。每次回台湾探亲,两个人总是吵吵闹闹,差不多他每次都是大怒而归。

怪就怪在吵也吵了,闹也了闹了,分别之后还是想念。

这也许就是缘分?

这也许就是挣不脱扯不断的情丝?

于是,在吵吵闹闹与缠缠绵绵之中,好几年的时间过去了。他赌气不结婚。他断然不信改造不了她,而她也绝没有一丝让步的念头。他说她脾气越来越坏,她则说他越来越霸道。终于,闹到心灰意冷时,两人分手了。

情一尽,人便成为陌路之客。

女孩消失在茫茫人海中。他从此没有再听到她的消息。

以后的这些年,日子过得很苦很苦。他又见过很多女孩,更年轻,更漂亮,也不缺少他苦苦追求的温柔体贴,可是,他心中就是放不下她,连她的吵吵闹闹也叫他觉得宝贵。

人总是容易忽视自己手中的东西。有时候他不知道幸福就握在手中,他丢掉手中的东西苦苦追逐,却不知道早已和自己的幸福失之交臂。

他发了疯一般地寻找那女孩,那女孩却好像从地球上消失了。

后来,他万念俱灰。

再后来,他死心塌地认命了。

有人给他介绍了一个上海姑娘。他从美国飞了一趟上海,专程去相亲。他说不出那姑娘好在哪里坏在哪里,他横下一条心劝自己,不挑了,这辈子就这么过吧。

订婚戒指买了,谢媒酒也请了,可不知道心里哪根筋作怪,临走时,他终于还是告诉那姑娘,他不能和她结婚。

从上海飞到台湾,他一直躲在家里闷闷不乐。回美国的前一天,一个朋友死气白赖地把他拖去参加婚礼,在那里,他居然撞上了也是硬被别人拖来的他的女孩!

女孩已不再是女孩,她已经快40岁了。

而他也不再是当年那个年轻气盛的他。当他一把将那女孩拥入怀中时,他知道,他拥住的是自己后半生的幸福,是做了许多年的一个梦,是他甘心情愿用生命去换取的东西。

庆幸的是女孩依旧独身。

缘未尽，情就未了。

他说，人可真怪呀，能变得让自己都吃惊，他从不知道她还会如此体贴如此细腻，他从不知道她还会如此顺从如此乖巧。

他几乎每天晚上都有给那女孩打越洋电话，电话费贵得要命，打起来却又总忘了时间。

女孩也变了。文文静静温温存存，惦念他的吃，惦念他的睡，天凉了还惦念他加没有加衣服。

到底是岁月改变了人，还是情缘改变了人？

他说，他正在为那女孩申请办理结婚移民，再过一两个月，女孩就能来美国同他结婚。

最后，他掏出一张照片递给我们。

"瞧，这就是我的新娘！"他那张黑瘦黑瘦的脸，每一道皱纹里似乎都有隐藏着得意。

照片上，女孩笑得很甜很甜。

情缘情缘，是有缘才有情，还是有情才有缘？或许没有人能说得清楚了。倘若那女孩早做了新嫁娘，不是会省去他这几年的煎熬？可那女孩若真的早做了他的新娘，他又怎会有今天的知足与无憾？有很多时候，人必须用痛苦才能证明一个浅显的事实：其实，人的心中有一个天地宽宽的世界，在那里，情也无限。

走出餐馆，密苏里州深秋的阳光照在身上，暖烘烘甜丝丝的让你感到生命真的很美好。

一句挺老套的词总在脑海中盘桓不去：

这世上究竟情为何物？直叫人以生死相许！

心灵感悟

在缘分的牵引下，我们相识、相知、相爱，但幼稚的我们年轻气盛，总是挑剔对方的不完美之处，希望对方能无条件改变，任性导致相爱的人形同陌路。等到我们悔悟之时，那段情还能像当初一样回来吗？那个人还能在茫茫人海中寻找到吗？

错过最爱的人

有些爱情如流星划过天际，绚丽却注定短暂；有些爱情如陈酒，初始平凡却在岁月沉淀中不断升华，最终浓缩成芬芳的醇酿。洁常常在想，自己的爱情会不会是口香糖，嚼起来甘甜，却食久无味，捱过了开始的新鲜感以后，就慢慢地平淡了下来，而更悲哀的是，洁常常认为，似乎连最初的新鲜感，她也没有明显感到太多的美丽。

"我们分手吧！"在河畔的一座茶楼里，洁的眼睛一直凝视着那袅袅升起的蒸汽，那一片茶雾刹那间便朦胧了她美丽的眼睛。

"分手？"他似乎不敢相信自己的耳朵，端茶的手在轻轻地颤抖，"可是为什么？"

"不为什么？"洁平静地说道，"你不觉得我们之间缺少些什么吗？"

……

"那么，洁，我们还可以挽回吗？"他哀求着，心里在滴着血。相识不需要理由，只需要一个美丽的邂逅，而分手则各有各的理由，甚至于不是理由的理由。分手的理由并不重要，重要的是还有没有挽回的余地。

"没有！"洁把放在桌上的茶杯端起，"我甚至愿意我们的感情是一杯浓茶，虽然入口苦涩，但回味甘甜，但我们太平淡了，平淡得我甚至在将来的回忆里都不知道回忆什么，我不喜欢清茶，让我太早习惯这种味道，而感觉不到酸甜苦辣的滋味，你明白吗？"

他慌张地站了起来，动作难免有些张皇失措，有些踉跄地冲了出去。

看着他冲出茶座，准备过人行道拦车，洁的心似乎变得轻松，一种解脱，却又总觉得失去了什么……

他们彼此认识时间其实不短了，从第一次交流到现在已经3年了，说实话，他是一个好人，也很爱她。但是他给予的关心和爱，却并不像她想象的那么美好，更不要说是女人最在意的浪漫。

女人天生就是需要人疼爱和呵护、需要人赞美和表扬的动物，有时候你给予她再多的爱还敌不过一两句甜言蜜语让她开心，就如同，这个社会上所说的男人不坏女人不爱的公论,其实女人需要的更多是一种情调。

他是这样一个人,喜欢一件东西,却往往不知道如何表达。就如同他们一起去逛街,他似乎永远不懂她喜欢什么,需要什么,只是待她选中自己的东西后,傻乎乎地从口袋里掏钱。

当然,他们的生活也并非全无值得她感动的地方,在一起逛街时,他明明走在她的左边,却有时突然窜到她的后边,一点也不在意她诧异的眼光。

终于,有天过马路时,她忍不住问了起来:"你在我左边走得好好的,为什么跑到那边去?"他憨憨地笑道:"刚才车是从左边过来,我站在那边你安全点儿,现在车从右边过来,我当然换过来啦!"她笑了笑,心里涌起一阵温暖,这个男人,毕竟还是懂得疼惜人的……

但这份美好仅仅停留了三秒!

在她来不及反应的时候,他突然一把把她搂在怀里,她惊吓地看着他,他惭愧地看着她:"刚才有车过来,我以为……"顺着他的眼光看过去,那辆车根本就还有些距离,她嗔怪地看着他,那一丝幸福荡然无存。一个男人,都缺少应有的冷静和稳重!

现在,他们分手了,洁的一阵释然,这个故事或许注定只能尘封在心底。

洁的身边终于走过了其他的男人,有过了高潮起伏的爱情,爱过痛过伤过,有的甜蜜有些苦涩。等她品尝完人生的美酒苦酒后,忽然有一天,她也会坐在那里,不知怎的,也会渐渐想起,那曾经喝过的一杯清茶。

洁傍过大腕,牵过大款的手,但他们的时间似乎永远都不够用,永远有那么多应酬。洁如愿有了绚丽的生活,但繁华背后,却似乎有着更多的失落和空虚,就像越是隆重的舞会结束后,越是要面对那满地狼藉。这个世界上都一样,越宽敞的房间,越盛满一个人的孤独,越车来车往的人流,越缺少两个人相依的背影。

洁有时会感觉到自己是一只拼命飞翔的蛾,看着那扑火的绚丽,扑向的却是让自己痛楚的熊熊烈火,美丽却是遍体鳞伤。

那一天,她一个人开车出行,路过河畔那间茶楼时,不知怎的,她的心忽然动了一下,就停了下来,点上了一杯清茶。当清茶淡淡的清香弥过她的眼眸，那一片雾转瞬朦胧了她的眼神。

有一点湿湿的、潮潮的温暖触及了她心底某处的柔软，她转过了头，把眼光投向了窗外。

窗外，不知什么时候下起了小雨，有一对热恋的情侣，正准备经过马路，男的撑着伞，和女的不知道在聊些什么。在经过马路时，她忽然看见，那个男的明明走在左边，忽然转到女的右边，另一只手，似乎想阻止对面来的车，俨然就是那女的神圣不可侵犯的保护神！

洁的心忽然就颤抖了，慌张地站了起来，动作有些慌张，踉跄地冲了出去。

天上下着小雨，将整个天地蒙盖在一片烟雨帘幕之中，却不知道为什么，有那么一滴雨，却落入了她的眼中……

心灵感悟

一段爱开始的时候总是甜蜜的，后来就有了厌倦、习惯、背弃、寂寞、绝望和冷笑。

曾经渴望与一个人长相厮守，后来，多么庆幸自己离开了。曾几何时，在一段短暂的时光里，我们无比快乐。却在忽然之间，发现曾经那个人才是将我们捧在手心里的人。

错失最爱的人，是一个人生命中刻骨铭心的痛苦。

爱，经不起等待

惠君有一双爱笑的眼睛，看着一个人时，那个人就会深陷在那里无法自拔。直到如飞蛾扑火一样爱上她。朋友们称那双眼睛为桃花眼。

惠君知道一个女人一生追求的是什么，所以陪在她身旁三年的男人，并不是惠君最终的归宿。哪怕惠君同样的深爱着这个男人，但男人没有财富，所以惠君只肯与他同居却从不说结婚。

其实惠君早就选好了她未来丈夫的人选，在众多追求她的人中，有一个男人叫永学，是惠君公司老总的儿子，唯一的继承人。开着宝马车，当惠君第一次坐上他的车子时，惠君就知道，这一生她要套牢这个男人。

惠君与永学吃饭的时候，双眼看着永学一直笑，一直笑，直到永学完全醉倒在那里，直到永学不可自拔地爱上那双眼睛。惠君又一次赢了，女人的美丽是天生的财富，惠君一直这样认为。

夜里，惠君回到男人的家，男人还没有睡下，只是坐在沙发上，看着杂志。惠君回来的时候，男人问，吃饭了吗？惠君点了点头，走到男人面前，偎进他的怀里，将男人手上的杂志放到一边，吻上男人的唇。

夜里，无声的亲吻，惠君不明白，为什么这个懂得她身体任何一丝隐秘的男人，为什么不懂她的心。

男人从身后紧紧地将惠君拥在怀里，惠君喜欢这样的感觉，只有这样，惠君才感觉到男人怜她的心，也许这便是一种深爱，但惠君无力承受。

第二天，惠君仍同永学约会，永学费尽心思搜刮一肚子的笑话，讲给惠君听，直到惠君笑出眼泪，直到永学用唇吻去惠君脸上的泪滴。当永学即将吻上惠君的唇时，惠君避开了，永学拥着惠君入怀。惠君知道，永学没有办法离开了，嘴角溢出了一丝笑意，冷冷的，看透一切。

夜里，惠君回家，男人仍是看着杂志，仍是问她吃饭了吗？惠君仍是点点头，偎时男人的怀里，拿走男人手中的杂志。惠君问男人，如果有一天我走了，你怎么办？男人笑了笑说，忘记你！惠君微皱眉头。男人接着说，忘记了，你就会活得幸福，而你幸福了，我就快乐了。其实男人一直知道，惠君是不可能永远和他在一起的，不管惠君有多爱他。

惠君低下头，泪在眼前凝聚。惠君一下子将头高高仰起，想将眼泪逼回眼中，却从眼角流下。男人关灯，没有看到。但男人的手却在黑暗中犹如长上了眼睛般的，擦去了那些眼泪。

男人一直陪着惠君，惠君回来的越来越晚，男人都依然坐在那里，手上拿着一本杂志。一天夜里，惠君一夜都没有归来。男人放下手中的杂志，一滴泪落在杂志的封面上，终究是等不回来了。

惠君在永学的床上醒来，枕着永学的胳膊。惠君忽然发现有一丝丝陌生。失去男人的怀抱，好像失去了一生中最珍贵的东西。但是惠君仍是得到了她最想要的东西，一枚镶钻的戒指和一个沈太太的承诺。

惠君回到男人的家，看到男人正在收拾行李，男人看了看惠君停下了

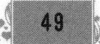

动作。

惠君惠君说，你要去哪里？会忘记我吗？

男人笑了笑说，回台湾，早想回去了。忘记你，也许做不到，但我会尝试着去做，而你一定要忘记我，因为你只有忘记才会幸福，而我才会快乐。

惠君哭了，和泪的唇吻上男人的唇。只是相拥吻着，最后惠君哭倒在男人的怀里。

男人走了，惠君没有去送他，而是偷偷地将他们共同住过的房子买了下来，不改变里面任何一样面貌。虽然男人让惠君忘记，但任凭怎样，惠君也忘记不了。每一次从永学怀里醒来，惠君仍是感觉到陌生，哪怕她已经是永学名正言顺的太太。

惠君回到和男人的家，拿着男人常看的杂志，才发现翻遍全屋才发现，男人只看这一本。惠君忽然觉得自己一点也不懂男人的心。只看一本杂志，只等一个女人归来。

惠君翻开杂志，却发现那里的扉页上写着话，"其实我早就知道你终究会离开的，夜里紧紧拥着你时，是我唯一真正拥有快乐的时候。其实我知道只要我坚持说爱你，你或许会留下来，但你必定将不会快乐。与其这样，倒不如让你自己选。我宁愿留在家里，让你给我最后的答案。你选择，我离开。你放弃，我娶你。然后用尽一生爱去爱你，慢慢地陪着你老去……终于，我开始明白了你的选择，所以我也最终，选择了离去。希望你能忘记，希望你能幸福，选对了你一生中，真正的机遇……"是男人的笔体，惠君惠君的泪淡淡的濡开。一页页翻开，才知道，唯有这个男人真正懂得她的心。

惠君开始失眠了。每天夜里惠君都会吃安眠药，因为梦中，她会回到从前和男人在一起的时光。而永学一如既往的对惠君好，却不知道惠君心里的故事。

夜里，惠君也坐在沙发上，拿着一本杂志等待永学的归来。直到这时，惠君才发现，原来等待是一种说不出的感觉，空洞而无奈。泪一下子涌了出来，她记得男人就是这样的一天一天的等她，等她选择，等她离开，等她丢失的，原来是今生唯一的挚爱。

于是，惠君最终明白了，原来这一种爱，经不起等待……

心灵感悟

不知道什么样的爱情是最美的。是至死不渝的爱情，是执子之手与子偕老的爱情，还是曾经轰轰烈烈，经历过风风雨雨，最终走到一起的爱情？

一路走过，看过那么多人经历爱情，路过爱情，享受爱情，逃避爱情，才发现，有一种爱经不起等待，有一种爱经不起伤害。彼此在乎，彼此思念，可是爱禁不起伤害。当一切发生时，是那么的突然，所有甜蜜的消失，留下的只是疼，只是后悔。

童年的承诺

有一个女孩子，小时候腿不利索，常年只能坐在门口看别的孩子玩，很寂寞。

有一年夏天，邻居家的城里亲戚来玩，带来了他们的小孩，一个比女孩大五岁的男孩。因为年龄都小的关系，男孩和附近的小孩很快打成了一片，跟他们一起上山下河，一样晒得很黑，笑得很开心，不同的是，他不会说粗话，而且，他注意到了一个不会走路的小姑娘。

男孩第一个把捉到的蜻蜓放在女孩的手心，第一个把女孩背到了河边，第一个对着女孩讲起了故事，第一个告诉她她的腿是可以治好的。第一个，仔细想来，也是最后一个。

女孩难得的有了笑容？

夏天要结束的时候，男孩一家人要离开了。女孩眼泪汪汪地来送，在他耳边小声地说："我治好腿以后，嫁给你好吗？"男孩点点头。

一转眼，二十年过去了。男孩由一个天真的孩子长成了成熟的男人。他开一间咖啡店，有了一个未婚妻，生活很普通也很平静。有一天，他接到一个电话，一个女子细细的声音说她的腿好了，她来到了这个城市。一时间，他甚至想不起她是谁。他早已忘记了童年某个夏天的故事，忘记了那个脸色苍白的小女孩，更忘记了一个孩子善良的承诺。

可是，他还是收留了她，让她在店里帮忙。他发现，她几乎是终日沉默的。

可是他没有时间关心她，他的未婚妻怀上了不是他的孩子。他羞愤交加，扔掉了所有准备结婚用的东西，日日酗酒，变得狂暴易怒，连家人都疏远了他，生意更是无心打理，不久，他就大病一场。

这段时间里，她一直守在他身边，照顾他，容忍他酒醉时的打骂，更独立撑着那片摇摇欲坠的小店。她学会了营销管理，也累得骨瘦如柴，可眼里，总跳跃着两点神采。

半年之后，他终于康复了。面对她做的一切，只有感激。他把店送给她，她执意不要，他只好宣布她是一半的老板。在她的帮助下，他又慢慢振作了精神，他把她当做至交的好友，掏心掏腹地对她倾诉，她依然是沉默地听着。

他不懂她在想什么，他只是需要一个耐心的听众而已。

这样又过了几年，他也交了几个女朋友，都不长。他找不到感觉了。她也是，一直独身。他发现她其实是很素雅的，风韵天成，不乏追求者。他笑她心高，她只是笑笑。

终于有一天，他厌倦了自己平静的状态，决定出去走走。拿到护照之前，他把店里的一切正式让她营销管理。这一次，她没再反对，只是说，为他保管，等他回来。

在异乡漂泊的日子很苦，可是在这苦中，他却找到了开阔的眼界和胸怀。过去种种悲苦都云淡风轻，他忽然发现，无论疾病或健康，贫穷或富裕，如意或不如意，真正陪在他身边的，只有她。他行踪无定，她的信却总是跟在身后，只言片语，轻轻淡淡，却一直觉着温暖。他想是时候回去了。

回到家的时候他为她的良苦用心而感动。无论是家里还是店里，他的东西他的位置都一直好好保存着，仿佛随时等着他回来。他大声叫唤她的名字，却无人应答。

店里换了新主管，他告诉他，她因积劳成疾去世已半年了。按她的盼咐，他一直叫专人注意他的行踪，把她留下的几百封信一一寄出，为他管理店里的事，为他收拾房子，等他回来。

他把她的遗物交给他，一个蜻蜓的标本，还有一卷录音带，是她的临终遗言。

音箱里只有她回光返照时宛如少女般的轻语：

"我……嫁给你……好吗？……"

抛去二十七年的岁月，他像孩子一样号啕大哭起来。

没有人知道，有时候，一个女人要用她的一生来说这样一句简单的话……

心灵感悟

童年的一句承诺，对你而言，不过是一句戏言；对我而言则是一种希望，一份守候。

再次相见，为什么不敢开口倾诉衷肠？等他明白，也许为时已晚。

孤独地品味这份爱

一

还记得那一天，是的——就是那一天，你什么都没有说，在天刚蒙蒙亮的时候，在我还在熟睡的时候，你走了。

和着风，携着雨，偷着我的心，去到了你的快乐世界。

我没有伤心，没有哭泣，甚至都没有从美梦中醒来，如果我曾经深爱过你，为什么会对你的忽然离去而豪无知觉呢？

因为爱你到最深处，我早已经麻木于愁苦，像水一样静雅，若风般清冷。

可是我还是牢牢地记得你的样子，一辈子都无法忘记的样子，像花儿一样绚丽绝美的样子。

剩余的日子，我将在思念与回忆中度过，花开花谢，春去秋来，日日夜夜，岁岁年年。

或许我会慢慢地老去，我的生命也将在某一个花开的早晨漠然逝去。

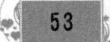

请你相信在你的一生中,不管你是否有感觉,是否在意,那颗被你偷走的心都会一生一世跟随着你,海角天涯,天荒地老。

真爱是无私的,是不求任何回报的,没有曾经拥有,没有天长地久。

爱了,就是爱了。

二

早晨,刚推开房门,一股寒气迎面扑来;当我还留恋在记忆中春天温暖的被窝中的时候,冬天已经悄然来临。

没有看到落英缤纷,没有看到大雁南飞,一切都来得那么忽然,那么迅速,一如你当年的离去。

禁不住又想起你,寒冷,已经不再重要;

想着你,一股缓流从心底慢慢升起,将冬天从我的生命中驱逐。

你不会有冬天吧?

爱你的人也会像我一样将生命燃烧,将自己化作太阳,将温暖源源不断地献给你吗?

牵挂,把心交给你带走,却再也无法给予你什么。

慢慢地,冰雪将冻结我的世界,虽然我不知道你在哪里,我也会像以前一样把自己点燃,永恒地燃烧。

或许,我温暖不了你;

或许,你根本就不再需要我的温暖。

我也会像以前一样把自己点燃,永恒地燃烧。

为你,曾经爱过的你。

三

昨夜,风,带着你,吹到我的窗前。

你平淡而清雅的气息,把我从睡梦中惊醒,我睁开惺忪的双眼,注视着你,你那绝美的容颜令我痴迷。

我慢慢地伸出双手,想抓住你。

而风,又吹起,将你带走。

我惊慌地爬起来,冲到窗口:窗外只有冰冷的风,而你早已经消失于凄黑的夜色中。

泪水，急速地从我的眼眶中奔涌而出，我全身颤抖着，伤心地哭了。

是否，我就这样失去了你？在半梦半醒中，失去了你？

你在哪里，你能听到我呼唤你的声吗？

风，无力的继续吹；泪，悲伤的继续流。

你在哪里，你能听到我呼唤你的声吗？

四

唉，我是如此的寂寞，寂寞得犹如大海深处无依无靠四处漂泊的破烂的木舟，不知道何时可以沉没。

唉，我是如此的渴望沉没，随着蔚蓝色的海水缓缓下沉，被彻底撕毁永远沉入海底。

那里虽然没有星星，没有月亮，没有爱情，没有思念，整个世界纯净得像一张白纸。

但是在那里，有无数美丽的鱼儿可以听我歌唱，随我翩翩起舞。

我不再寂寞，不再愁苦，成天欢笑着，生命像花儿一样绚丽多彩。

灵魂深处铭刻的你的样子将模糊，思念的沸腾的血液将凝固，无论你如何芳香艳丽，你将彻底成为别人的玫瑰花，别人的心肝宝贝儿。

然而，我却无法沉没，依然寂寞。

你就像一道道闪电，划破漆黑的长空一次、一次地击打着我的身体，令我彻夜无眠。

爱过你，撕心裂肺地爱过你，就是一生无法扔弃的记忆。

不管在哪里，什么时候，你的歌声像百灵鸟动人的脆鸣萦绕在耳际，我都为曾经拥有过你的温柔美丽而骄傲。

虽然你留给我的只有寂寞，只有思念。

五

你曾经告诉我，我们的爱情是玻璃做的，轻轻一碰就会破碎，会划伤自己，也会划伤别人。

于是，我把你当做天使，当做心肝宝贝，小心地捧在手心里，精心地呵护，生怕一不小心就把我们的爱情摔碎。

为了你，我忘记了白天黑夜，忘记了春夏秋冬，忘记了满身伤痛，习

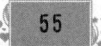

惯了风吹雨打,犹如天峰上不老的青松,不知疲倦地为爱伫立着,伫立着。

为了你,我早已经把自己化作了千年岩石,万年金刚,风吹不动,雨打不烂!哪怕我们的爱情就是颠沛流离,就是肝肠寸断,我的爱永远没有终点,永远不会枯竭!虽然很苦很累,但是我的心却为爱而甜蜜着!

为了你,我付出了我所能付出的一切,我不知道自己还剩下些什么,惟一剩下的可能只是一个没有灵魂的躯壳。如果你有需要,也可尽管拿去。

每天,每时,我都默念着你的名字,亲爱的,我把它深深地铭刻在我的生命之树上,永远不会模糊退色。

没有想到,我们的爱情最终也会破碎,划伤彼此。我所有的努力随着你的离去而灰飞烟灭,留下我独自演绎这场爱的玻璃游戏。

然而我的激情没有随你而毁灭,我的心依然澎湃着:思念,思念你,是我爱你的延续。

窗外传来缕缕百灵鸟悠扬的歌声,有雨轻轻地浸入心扉,岁月之沙把我的这份痴情缓缓地掩埋,而你的影子还是穿过记忆的雾纱,漂渺在我的梦中。

六

或许我真的已经老了,老得连房门前那束盛开的玫瑰花都无法再保护了,眼睁睁地看着捣蛋的小鸟儿飞来,将它毁坏,飞走。

我费劲儿地弯下腰,一片一片将散落于地的破损的玫瑰花瓣拾起,紧紧地贴在胸口,我的泪水已经干竭,任凭怎样的伤心,也没有一滴流出来。

就像你一样,我守候了一生的玫瑰花也枯萎了。

我发疯般撕毁穿在身上的衣服,我真想劈开胸膛,在丝丝血肉中找出那句你爱我的誓言,也把它撕毁。

留着它还有什么用呢?

梦,是我唯一的天堂,在梦里我的青春可以永恒,我的爱可以永恒,你始终带着微笑依偎着我。

没有分离,没有相思,就连枯萎的玫瑰花也可以重新绽放,梦才是爱永恒的天堂。

这一夜我枕着略带残香的玫瑰花瓣，又试着早一点儿入睡，热切地渴望着与你再次梦中相聚，好多好多的悄悄话在心中堆积，期待着向你诉说。

七

在你离去的那一刹那，我的时间停止了转动，我的爱情有了起点，也终于有了终点。

没有理由埋怨你的选择，是你点燃了我爱的火焰，让我漂荡的心紧紧地依附着你，让我的真情有了归属，没有你我也可以在思念和回忆中度过。

每天当黑夜降临，我都要为你点燃一盏灯，高高地挂在窗台上，为你照亮回家的路——如果你还愿意回到我身边。

每夜我都仿佛听到你轻盈的脚步声，我的心都嘭嘭地跳个不停，你回来了，带着微笑，带着温柔美丽，带着那退色的爱的誓言回来了。我会把你那退色的爱的誓言重新拾起，装进盒子里精心地珍藏在灵魂深处，用我殷红的血液将它鲜艳，每时每刻都含在嘴里默念。

每次你都是乘着月亮，在我熟睡的时候溜进我梦想的大门，用香吻亲昵我微微作痛的伤痕，用纤纤细手拂弄我断裂的爱的情弦。

我开心地笑了，天际闪烁的群星也笑了，虽然不能伸手拥抱你，只要有你在身边，哪怕只能是在梦里，我的时间就会转动。

八

清晨，冰冷的寒风吹打着灰暗的世界，我乘着奔驰的列车，穿透层层迷雾，回到了我们最初相识的地方。

好多年了，沱江河还是带着她那浑浊的水儿，慢慢流淌；一片片漂浮的腐败的树叶，低泣着无可奈何地随波逐流；岸边枯黄的裸露出丝丝根茎的野草，无力地低垂着头；幽僻的曾经满载情侣的湿滑小道，如今也仿若我一样孤独，弯弯细细地朝远方延伸。

我伫立着，微闭上双眼，静静细听，没有听到小鸟儿动人的歌唱，只有风吹过耳际呼呼的声音。

去了，所有的一切都远去了，我也不知道自己回来做什么，或是找什么。

爱你是无悔的选择，分手是身不由己，仿若这沱江河里千年流淌的水，我宁愿把自己也化了，化着这水，永远不知疲倦地在这里流淌。

有一天，你也会像我一样在不知不觉中回来，不怕风雨雷电，穿越重山峻岭，回来寻找我这滴苦涩的爱情之水。

坚守下去就有希望，我必须扬起我的船帆，岁月会被我踩在脚下。

九

雨已经不停地下好多天了，虽然很小，也给本就寒冷的冬天增加了几分冰冷。

路上三三两两的行人，有的打着伞，有的光着头，急速地走着。超市门口就是公交车站，黑压压的一片全是候车的人，所有人的目光都死死地盯着车来的方向：只有车可以更快的将他们带到各自的目的地。

我傻傻地站在雨中，不是等车，不是远行，任凭雨水尽情湿透全身。我想，这雨水就是天使的眼泪，可以像春雨般酥润我干渴的灵魂，像清澈山泉洗涤心间堆积的厚厚的思念的尘土。

没有你的日子，就像缺水的炎热沙漠，我被思念的太阳烘烤得如沙一般轻盈，风虽小，却带着我东西飘荡。

累了，疲倦了，雨滴儿呵，轻轻地打在身上，慢慢地渗透肌肤，融入血液，请将我彻底湿透吧！

就算世界一直阴暗，雨一直下，我愿意就这样傻傻地站着，寒冷不再令我心颤，梦不再令我向往。

你带走的只是你自己虚幻的影子，我留住的是你永恒的青春美丽，唯有你，一直在我波澜壮阔的心海中舞蹈。

分手，分开的是两个人，两颗心，分不开的是心中那份曾经的爱。

十

就这样静静地一个人，一个人静静地站在夜色中，孤独地品味这杯剩余的略带残香的爱的烈酒。

爱过了，就像春天的花朵鲜艳地开放，花期虽然短暂，很快枯萎，却把芳香留给了整个世界。

唯有我的爱，是你一个人的，永远不会枯萎。

伤过了，就像重病哭泣的小孩子，任凭声音沙哑，生命垂危，没有人

呵护，没有人疼爱，更没有人救治。

唯有我的爱，要起点不要终点，永远不会消亡。

明明想好好爱你，明明想给你快乐，偏偏伤害了你，偏偏给了你无穷无尽的痛苦。

明明想悄悄地躲藏，明明想淡淡地遗忘，偏偏被月光明亮，偏偏在这僻静的夜色中不停地想你。

爱是什么？爱是只留得住分手后的痛苦，留不住在一起时的甜蜜。

就这样静静地一个人，一个人静静地站在夜色中，孤独地品味这杯装得满满的沉闷的思念的苦酒。

世界虽然那么大，我的心却那么小，小得只能容下你。

你在我心中不断地地彭胀，胀得我胸口好痛好痛，像整个人都快要爆炸掉一样！

我忍受着，忍受着。

偶尔有风吹起，我随之轻轻飘浮于空中，伸手就可触摸月亮，摘下星星。

我的爱呵，难道我也要将你放入风中，随风而去吗？

就这样静静地一个人，一个人静静地站在夜色中，孤独地品味这杯早已漏得空空的没有爱的美酒。

心灵感悟

你以为不可失去的人，原来并非不可失去，你流干了眼泪，自有另一个人逗你欢笑。你伤心欲绝，今天回首，不管是悲剧还是喜剧，一切都已变成往事，不得不放弃。情尽时，自有另一番新境界，所有的悲哀也不过是历史。

含泪的射手

"你若是那含泪的射手，我就是那一只不再躲闪的白鸟……"

他是在黛之前许多年遇见西西的，那时他风头很健，经常身着黑色球

衣出现在学校操场上周围一大片很疯狂很热烈的掌声哨声中。

校园左侧丁香丛的一角，西西独自坐着，安安静静地抱着书本，不笑，不语，由始而终。仿佛天长地久以后，她霍然而起，依旧无声地穿过看球的人群，消逝在暮色深处。

由此他注意到她孤孤单单的背影，但并不十分在意，西西是那种远离人群的女孩，总是悄悄一个人来去，给人的感觉是可有可无，同学了三年他仍不大想得起她的面容。

他要采撷一朵火焰中的玫瑰，而西西至多是一朵自生自灭的雏菊。所以从同学中得知她对自己有一种爱时不由大吃一惊，然后就不假思索地准备逃跑。

西西握着一大束他送给她的小小的美丽的白色苍兰，她明白了这是种拒绝，泪水慢慢地浸湿眼睫。她什么也没说什么也没做，淡淡挥别而去。

他此时因为有了黛，那个骄傲冷淡有着巧克力色皮肤的年轻女孩，远远地远远地在秋天金黄的落叶与人丛中蛊惑着他。他毫无理由地为她魂飞魄散。

那一段时间，他俩常常在漆黑飘雨的玄武湖边缓缓地走，黛撑着淡紫的伞，两个人隔一些距离不经心地牵着手，她柔软的手指使他恍惚抓住了生命的全部健康与真实。他的梦被黛充满了，黛的舒曼，黛的斯佳丽，黛的单骑，黛的大甜橙，黛的温馨干净的头发，还有黛的娉婷瘦骨。这期间西西时时有信来，暖暖的精致的信笺填满模糊又陌生的字迹，轻轻地，轻轻地吹进风中。他回忆着西西走得很急的身影，简单而快乐的心里会突然袭来一阵茫然的祈谅的情绪。

仅仅如此而已。

暑假中他与西西偶尔相见，西西改变了很多，烫了发，穿一件银红亚麻衬衫，一条雪白的绣花丝巾使她飘逸，笑声极放纵响亮。他听说她转风车似的交了一打男朋友，又闪电般一一分手。

后来他们一大群同学邀约去爬山，在凉森森的山巅他和西西一起看落坡的斜阳。随身带着收音机播出一支黯然神伤的老歌，"YETERDAYONCEMORE"。细小的调子冲散在庞大喧嚣的山风里，西西默默地抬起头看定了他，有点悲伤地说："WHENIWASYOUNG——当我年轻的时候，我都在做着些什么！"

他身不由己地走进她，她猝然捉住他的双手，脸孔合入其中。他的掌心霎时荡溢着温热的眼泪，他终于感觉了她万水千山的心情。

而他无法给她任何承诺，西西匆匆忙忙地奔跑下山，一路唱着歌，快到山脚时起了些微骚动，原来是西西扭伤了脚，被团团围坐住。他在稍远一点儿的地方看着她脚背雪白细腻的肌肤，那里没有一丝丝红肿的迹象，却一滴滴承受了眼泪。西西捂着脸，压抑地，隐隐地哭，肩膀细细地颤抖。他非常想扳过她窄窄削削的肩头替她擦干泪痕。他懂她为什么痛，但他不能够欺骗自己。

他转过身去，合上眼，扶住一棵开花的木棉树，用额头死死抵着树干，遗憾得紧。

只是遗憾，只是不忍，只是难过，那之后两三年他们没再见面。大学毕业他为了黛留在溽热的南京。而西西放弃去北京一家报社的机会，留在了南京，暂时做小公司的秘书。他不去找她。似乎没有必要。

黛巧逢机缘赴美深造了，他知道没法留得住她。分别的前一夜，他不让她看到自己流了整整一夜的泪，黛痛不欲生，可她还是义无反顾地一去不回头。

天气乍暖还寒，日光灿烂，有极浅极浅的云彩涌动。飞机沉闷地穿越云层，很长时间地轰鸣不止，他单独在人声嘈杂的候机厅伫立了许久许久，幻想着异域脆薄如纸的初秋以及加州无尽的阳光。他不知道这算不算永诀。

透过玻璃门，他瞥见西西兀自一动不动地僵立着，手臂绕着厚厚的呢子大衣。人潮过往，喧闹忙乱，西西静止不动地以眼光询问他可不可以不走？可不可以就此停留？

他痛楚得撕心裂肺，为黛，也为西西。冬天还没有过完，他就收到黛的结婚照，相片上的黛一袭绛红的苏格兰式露背长裙，垂着一串闪闪的水晶石项链，身后是明净的法式落地长窗，窗外面看得见教堂的十字架，有灰白的鸽子缓缓掠过。

寒冷的圣诞节他跟一位相识不久的女孩一块儿度过。那女孩身材很好，玲珑浮凸，一肩长发行云流水，不争不吵的时光他重温与黛的恋爱方式：网球，游泳，旅游……红尘万丈，爱情游戏不过是这样罢了。

有一天，他在一个摄影作品展厅看到西西，孤独地捏着一只皮包，微扬着脸，很仔细地观看一幅有金色落日的抽象作品，他凝望着她，没来由地感动着。

那些日子那女孩去海南打工，他不倦地给她写信，不断地在邮局和信箱之间徘徊，但女孩音信杳无。而当他试着将她遗忘时，信飘来了，她说她忙。他无条件地轻易谅解了她。他输得无力自拔。他觉得厌倦至极，他行走在杂乱无序的市街，渐渐地听见飞机的声音，他想起西西深黑的双眸。

他开始认真地对待女同学眉，眉生于高贵的家庭，温婉，开朗，富有，是她紧紧抓住他的手，不允许他成为过客。

订婚那天有个老同学赶来庆贺，沉郁地提起西西，西西一天深夜里被歹徒抢劫并刺伤，送进医院里，醉里梦里念念不忘地喊出一个叫人惊愕的熟悉的名字，他惊跳起来，复以缓缓落座。

他到底去看她了。西西平淡地说了祝福他的话，眼中有一些令人心疼的疲惫，使他刻骨铭心。他越发地羞愧不安，越发地自卑渺小，西西窗台上有一盆金盏花，徐徐地开了绚烂的一片，他想起多年前看过的一部电影，爱比死残酷，他心碎，无缘无故的。

西西伤好后决定返回故乡，知道这消息时他微微地震撼了。他坐在眉的大客厅里，放肆而疯快地亲吻她，他对眉说，明天我们结婚吧，好不好？好不好？

眉鄢然一笑，并不抗拒他的意旨，他刻意地做着令自己沉溺的事情。他拼命地加劲工作，傍晚用脚踏车载着眉去玄武湖听鸟声啁啾燕语呢哝，接着去喝掉无数浓郁的苦咖啡，晚上他和朋友打台球，一输再输，弄得狼狈不堪。

夜间他拥着眉看深夜剧场的片子，眉睡着了，他捡拾起她丢在地毯上的一本书，随意瞟到一句红笔画过的诗：你若是那含泪的射手/我就是那一只/决心不再躲闪的白鸟。

他顿时怔住了。不可遏制地想起西西，站起身来，他走了出去。浸在浅雾和闪烁的霓虹灯里的南京街道被西西很累很倦却毫无责备的眸光充塞满了，他无论如何也走不出去。他梦游似地走着，不知不觉间敲响了那扇门。屋外铺满落叶，西西倚靠着门楣，大而黑的眼眸迷茫地瞅着他，没有什么表情。狭长的过道堆满拥挤的行李，珊瑚红的光影清淡地印在中央空空的木地板上。

伸出双臂，他温柔地抱紧了她轻轻暖暖的身体，泪水逼进他的眼眶，这一刻他很想说声对不起，但却低低地对她说，西西，今生不要让我们错过。他想，爱是一种苦旅，一种寻求，一种命脉中注定的追求，你无法选择无法逃避。

心灵感悟

爱情就像一块水晶，干干净净，透彻清凉，却也会反射出艳丽的五光十色。它是坚韧的，又是脆弱的，既可以为所欲为地欣赏，又需要小心翼翼地呵护！

当你拥有爱情时，你是幸福的，你拥有的是一块能折射自己的水晶，这无价之宝将带给你责任感和力量，也带给你勇气和新生。

天荒地老只是一个美丽的传说

这是一个答案。

答案很简单。谜底揭开。你是我最爱的那个人。我和你之间，一直回响着那首《不了情》。

最爱——这两个字在我面前仿佛一片玫瑰园，嫣红的色彩令我发出只有自己才能够明白的微笑，直到眼泪滴落键盘。

对门的那个女孩不会想到这个结果。她只是觉得好玩，就将这个游戏Copy给了我。她年轻的脸在那个下午的光线里，有着很好看的凝脂色，笑意盈盈。

那时，我和你已经有一年之久，杳无消息。鸡犬之声不相闻，老死不相往来。那是我恨恨中说过的话。说那话的我在黑暗中，依然会看见我们苍白了的面孔，在暗色的流胭里，仿佛一段惨淡的岁月。

那段日子仿佛一个漫长的坠落。悬崖边，我向深渊一路落去，嶙峋的岩石，倒挂的树丛，伴着最痛的那颗心，磕磕绊绊，一路伤痕，一路绝望，

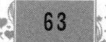

直到谷底。

看见这个答案时，我已习惯了谷底的那份寂寥和空旷。寂寥和空旷里，我开始参悟师父说过的你我之间始于上世的孽缘。

一个白衣翩翩的少年和一位妩媚少女之间的流俗相遇，在上一世里演绎了我们之间生死纠葛的一段情缘。造化让我们在这一世里相遇，不仅要我来偿还对你的所欠，还颠倒了你我的性别，让我从头做一个女人，彻底体会我那时的绝情，给予你的灭顶之灾。

我不知道自己是否有过前尘。我只是愿意逆转时光，回到你我相遇的这个世界。我是一个女人。你是一个男人。我们按照最普通的方式，在我们的轮回里，平静地完成我们的一生。

而所有的爱，都仿佛一场病痛——来如山倒，去如抽丝。那丝丝缕缕的血痕，在我坠落谷底的过程里，每抽一丝，便生出一丝刻骨的疼痛。直到我麻木了所有的情感，直到我变成了一副空空的皮囊。

最爱。这曾经开放在玫瑰中最艳的那一朵，我用了十年的时间，看着它渐渐凋零。而坠落，恰恰是一朵玫瑰从盛开走向枯萎的过程。

我以为，我曾经就是那朵盛开的玫瑰，以永恒不变的娇艳装点了你的一生；我以为，我可以将自己变作那朵枯萎了的玫瑰，以永久的姿势，牵引你一生的目光。

而现在，一个简单的数字，一首熟悉的曲调，和你的名字站在一起，成为一个清晰的伤口，再次将我推向对你的怀念。

不知世上有没有真正的天荒地老——那些烟花里忽现的绚烂，那些流沙里遗失的思念，究竟是你的天荒，还是我的地老？你永远不会知道，那一天，我们隔绝了一年多之后，在夜里，我接到了你的电话，你不会看见，黑暗中的我，那时满眼的泪水……

心灵感悟

每一段故事的开始都是那么甜蜜，可多数爱情都是以悲剧收场。为什么我们总看不到长久的感情，难道爱情的天长地久，只是神话，天荒地老也不过是个美丽的传说？难道我们只是这种神话、传说的奴隶？

第三篇

爱你的心是 21 克

真正的爱也许不仅仅是浪漫的相遇，热烈的吸引，醉人的蜜语和澎湃的激情——也许更应该是深广的宽容，细微的疼惜，淡远的关爱和无声的表达……用心伴着爱情走，爱情才会永远伴着心走……

爱是一种循环，是幸福的循环。在爱情里我们总是高估了自己，同时，也高估了别人；我们总是美化了爱情，同时，也美化了自己。真正的爱情是"死生契阔，与子成悦；执子之手，与子偕老"，如果你没有天长地久的心愿，那么我们注定了无法相爱。

一场经不起考验的婚外情

有"感情基础"的情人

2000年的冬天骤然地冷了，蔓蔓向我炫耀她新买的钻戒，那晶莹的光泽闪得我眼睛疼。"他帮我买的"，蔓蔓说的"他"，是她的情人——辰。

1999年以前，我就知道了蔓蔓有了情人。当她第一次兴奋地告诉我"我们在金陵饭店开的房哦"时，我就瞧不起他们俩。感情是两个人精神上的事情，怎么能掺杂着钱的因素？

我和匡文要比他们真挚得多。虽然我们住不起金陵饭店，但是我们有自己温暖的小窝。每个午休，我们都要从各自工作的地方打车，去我们租的房子，休息个把小时——那就是我们最浪漫的约会。

匡文只是个普通的职员，经常来我开的餐厅里吃饭，一来二去的，我们熟悉了。他又高又瘦的身影，还有说话办事时沉稳的气质让我心动。

那是6年前，匡文开口约我去跳舞、吃饭，一个星期后，他带我去新街口买了一块手表，400块钱，然后我们去了宾馆……一切都那么自然的发生了，我们之间的暧昧和微妙仿佛成为了一种默契。

匡文有些激动，他拥着我说，"我找对了人！"我知道他说的意思。我见过他的老婆，那个干瘦、留着男孩儿头发的女人，嘴唇涂得再红，也没有丝毫女人味。我躺在他的身边开玩笑地说，"你用400块的表就收买了我的心。"

"你怎么能这样说，我们是有感情基础的。从一进餐厅，我就喜欢上你……"我陶醉在匡文的话语里。

那一年，我才27岁。匡文40岁了。

老公和情人我都要

即使匡文的老婆再没有女人味，尽管我的家庭平淡如温开水，但我们谁都没有离婚的念头，可谁都舍不得先说离开，那么就这样在一起吧。

丈夫秦是我的初恋，我也希望他是我爱情的终点，当然，遇见了匡文，这是个意外。丈夫对我的照顾和信任，让我在家庭里有自由的空间，也是这样的空间，让我有机会背着他和匡文约会。刚开始，一回到家看见秦的脸，内疚就把我的心揪得死死的。可是时间一长，似乎内疚逐渐被匡文给我的爱冲淡了。在我和匡文租的房间里，他为我打来热的洗脚水，帮我仔细地洗脚，把脚底厚厚的茧泡软，然后用小刀帮我去角质。"你经常穿高跟鞋走路，不去角质会疼的！"我感动得说不出话来，便打趣问他，"那你为你爱人也这样做吗？""她？"他嫌弃地说，"脏，我才不愿意抱着她的脚！"

我感受着那股来自匡文胸怀里的温柔，从趾尖一直传到了心窝里。

我父亲身体一直不好，我让匡文带着我父母去看病。一天忙下来，父母对他赞赏有加，"匡文是你的什么朋友啊？他对我们真好，一路上都扶着搀着，连进车门，都用手帮我们挡着头顶。"他这点就比秦强。

我一和婆婆吵架，秦便要当着婆家的人数落我几句。而这样的委屈，总能在匡文身上化解。

这就是为什么他们俩我都爱的原因，丈夫给我家庭温暖，而匡文补充着家庭里的缺陷。

"你真是贪心，两个都要。"匡文笑我。我也笑，他还不是一样。

一试就破的婚外情

可是女人的心就是这样，一旦爱上了一个男人，就想拥有他的全部，尽管，我只是匡文的情人。

他总是那么忙，忙得让我胡思乱想。我的好奇和试探在蠢蠢欲动，终于，我用另外一个手机号给他随便发了一条祝福短信。"你是？"他立即回复。"我是从苏北来南京打工的女孩子，老公在家乡。我一个人特别苦闷。""哦，那很孤独的啊……"

我的怒火"呼"一下子烧起来，这个游戏，我想玩到底，看他怎么收场。

我忍着一晚上的心痛，躲在被子里和匡文发短信，用暧昧的口气，聊得泪流满面。"既然说得那么投机，你明天请我吃饭吧？"我说，"好，明天下午在新街口的中央商场南门见！"

那一晚上，我整夜合不了眼睛。

第二天下午，我用自己的手机给他打电话，"我今天晚上有应酬，很忙！"他匆匆挂了电话，我马上拦车去了中央商场。

商场门口，我们碰了个面对面。他居然那么镇定地望着我，然后笑着拉住我的手，"肖黛，我就知道是你，来来，我们一起去吃饭吧。"

饭一吃完，我们去了宾馆，进门我就甩了他一耳光！"我错了，再不会了！"他跪在我面前，求我的原谅。

他怎么可以背叛我？匡文在我心里，已经是和丈夫一样重要的角色，我爱他，这样的爱，容不得半点沙子。

"我想和你一起，就这样变老。"他说，我们哭过后，相拥在床上，如果这算一句承诺，我就融化在这句承诺里。

爱了六年说再见

今年，我的工作发生了变故，从南京去了镇江，和匡文隔好远的一条路。渐渐地，我们见面越来越少了。如果我不联系他，他可以忙得一连一个星期不和我打电话。

他难道不想念我了吗？匡文后来说，你当我妹妹吧，我们从此以后见面就聊聊天，吃个饭什么的。我说不，不做情人就做仇人。

上个月，为了给他生日一个惊喜，我厚着脸皮，悄悄提前开了个房间。我打电话给匡文，"生日，我要给你个礼物，地点在宾馆，自己来找我。"

我从中午一直等到下午，还是不见他的影子。终于按捺不住给他电话，"我回家了，妈妈为我过生日……"他的语气里明显有搪塞，"你骗我，你妈妈从来不为你过生日。""哦，要送个朋友去机场……"他一个比一个离谱的理由让我觉得好笑。

"好，如果你骗我，就不得好死！"他气得吼起来："在我生日诅咒我？你以后再不要找我！"

电话挂了，我哭得不能自持。女人的直觉告诉我，他在欺骗我。

可是我已经爱上了匡文，这样的落寞，如失恋如离婚一样，深深刺痛我。

匡文说到做到了，他没有再联系过我。失落和怅然一起涌上心头，原来6年的感情，毕竟是情人之爱，不是夫妻白头。和我相爱到老的，也许只有丈夫秦，再无其他人。

心灵感悟

每一个爱情故事里，人们总有太多的诱惑和抉择，而人们，也就很自然的在这凄美的故事中迷失了自己，成为了不幸的角色，所以就不断提醒自己，没有不惑的爱情，也难有不变的誓言。

有些感情，经不起考验，也没有结局，注定是一次刻骨铭心的伤害。

很想嫁给你

说句老实话，我真的很想嫁给你，成为你温柔幸福的小妻子，为你点亮一盏橘色的灯，静静地守候着你疲惫的归来。你的脚步声越来越近，我的心越跳越烈，我欢喜地打开门迎你进来，我会为你端上可口的饭菜，放好洗澡的热水甚至准备好换洗的衣服。为你，做这一切，我不会委屈，只因为你是我最深爱的人。女人总是为爱而牺牲一切，为所爱的人而放弃一切，但对于她们来说这却是幸福。

我真的很想嫁给你，披上洁白的婚纱，捧着娇艳的花朵，任你牵着我的手与你徐徐前行，我在心中默默立下誓言，此生与你：生死与共，恩爱白头。我是多么多么地想要嫁给你，可是我却绝不能嫁给你。你永远无法体会，今生不能成为你的新娘，我的心有多么的痛，多么的痛。我愿意为你点亮一盏橘色的灯，默默地守候着你的归来，然而我却无法承受漫漫长夜无休止的寂寞和孤独，因为我不知道你何时会敲响那扇满是我期望和等待的门，我甚至不知道今夜你会不会归来？我能做的——只有等待。

黑夜几乎撕毁了我的健康，我变得脆弱、敏感、神经质，唯一能陪伴我的便是我冰冷的泪水，我感觉我的神经就像是被汹涌的洪水冲击的堤坝随时随地会崩溃。

你回来了，我忙擦去腮边的泪快步走到你身旁，你抱歉地说，最近太忙了，总是有忙不完的应酬，但是我手中你衬衣上那浅浅的唇膏和淡淡的香气却让我清楚地知道——你说谎。

你常夸我聪明，我的确聪明，如果我不是这样的聪明敏感我就不会知道这一切，而我宁愿自己不知道，不知道我就不会像现在这样难过。我愿意自己是个笨女人，因为笨女人知道的事越少受的伤害也就越小。我恨我的聪明。你躺在我的身边，我曾天真地以为你回来了，我便拥有了快乐，不再惧怕黑夜的寂寞和孤独，可是陪伴我的依然是我冰冷的泪水。

我不能嫁给你，虽然我是如此之深地爱着你，因为我明白成为你妻子的痛苦多于它带给我的快乐，长久地与黑夜抗争造就了我的坚强，这个决定带给我的近乎是撕心裂肺般的痛楚，可我只能这样做。我已经太虚弱了，实在无法继续承受更多的伤害。

不是不想嫁给你，只是因为太爱你，也因为爱你，我无法承受爱你的痛苦。所以，所以，我不能够嫁给你。也请你原谅，这一次也是第一次我任性的决定……

心灵感悟

满腔的爱恋和柔情蜜意在寂寞、等待和背叛面前显得如此不堪一击，没有任何的抵抗，就那么毫无征兆地败下阵来，连伤口都来不及包扎，但坚硬的心告诉自己，爱不一定非得拥有，也许相望更美。

情人只是一个美丽的瞬间

有一度，我成了一个迷信的小女人。每个夜晚，我在灯光下研磨那些世界上最艰涩的文字。如此孜孜不倦，其实不过是为了求证一点命运？关于我和一人叫做"颜峻"的男人。当我的智商因为我和他的爱情而变得非常可怜的时候，我只好从易经、八字、紫微斗数、星座运程里去寻找一些关于未来的暗示。

一个冬天的下午，我从北京的远郊云岗颠簸了两个小时来到东三环的FRIDAY'S，在靠窗的座位上用热牛奶暖着冻得已经有些麻木的手，然后，我给颜峻打电话，我说，我在FRIDAY'S等你，我想见你，你过来吧！颜峻说，恐怕不行，今天我有太多文件要处理，都是明天一定要带到美国去的。我说不要紧，你忙吧，什么时候忙完了，什么时候再过来，反正今天我会一直在这里等你。

之后我每隔半小时给颜峻的办公室打一个电话，每隔半小时都听到颜峻一个耐心而温和的回答：快了、快了。当我打到第六个电话的时候，颜峻用一种抱歉的语调说，涓涓，你先回去吧，真的，我还有太多东西要整理。

这时候，FRIDAY'S里的人开始稀少了，对面和旁边的位子换了一茬又一茬人之后，空了下来，在长长的几小时里，只有我始终坚守着，热牛奶、热咖啡、热橙汁都在我手里一点点冷下去。我想哭，我说，颜峻，明天你就要去美国了，今天我无论如何都要见你一面，怎么样我都要等着你。颜峻沉默了一会儿，说，好，那我再快点。

时间快着慢着地走过去，FRIDAY'S里灯光依然明亮，人已寥寥无几。一些情侣偎依在一起说悄悄话，看外面的夜景。我依然等待着那个名叫颜峻的已婚男人。

与颜峻的偶合，简直是一个让人哑然失笑的轮回。在颜峻以前，我遇到的也多是已婚男人。我并不是一个物化的女人，只不过因为年轻，所以不大经得起真的假的爱情的诱惑。那就像一个加在我命运上的符咒，快乐着，疼痛着，也享受着，爱到最后，就像电影上的"THE END"，一点儿办法没有，再等下一场吧，结果终不免还是一个"THE END"。在上一次爱情结束之后，我感觉到自己累极了，我对自己说，我从此不会再碰已婚男人了。

然而，我碰到了颜峻。那个早晨，我提前半小时进入写字楼，想趁老板来之前复印一份资料，然而公司的门还没有开，我在写字楼里转来转去，希望能找到一扇开着的门和门里面一位好心的秘书小姐。在上面一层，我终于找到了这样一扇开着的门，但里面并没有一个好心的秘书小姐，而是一个高大俊朗的男人，领带的颜色非常好看。我猜他大约是一个高级白领，没办法，只好求助于他了。他很痛快地带我到复印机前，说，没关系，你印吧。然后他又很耐心地教我该按哪个按钮。在我复印着的间歇，他走过来问我，没什么问题吧？那语气，像是在对一个小孩子说话，我冲他笑笑，他大概有四十多岁的年纪了，在他眼里，我当然是个小孩子。所有的资料都印完了，我对他说声谢谢，出门前，他递过一张名片，说，以后有事可以找我。我看一眼他的名片：颜峻，美国公司北京分公司总裁。天哪，这个八点半就出现在公司的"高级白领"原来是这家公司的总裁！

以后，我知道颜峻每个月有一半时间在美国，一半时间在北京，只要他在北京，每天一定是八点到公司，而且每天也一定是最后一个离开公司的人。不久，我的一位朋友申请了一项专利，他想推到美国去，看看有没有美国资本家愿意收购他的专利。我想起了颜峻，就约他出来吃饭。颜峻开一辆黑色的本田雅格，从我们第一次相约吃饭开始，每一次他都是先把右边车门打开，等我坐好他替我关上车门，然后绕到左边开门上车。我问颜峻：你有情人吗？颜峻说没有。

我问：你条件这么好，为什么没有？

他说，我太忙了，99%给了工作，1%给了在美国的家，我拿什么给情人呢？

隔了一会儿，他又说，去看我在上海公司的时候，曾经有个女孩，对我很好，我不知道那算不算我的情人。最后，她离开了我，因为受不了。除了我太太，我想大概任何女人都受不了我吧！

而就在这个时间，我正坐在FRIDAY'S里，因为想念着这个已经结婚并且让任何女人都受不了的颜峻，我必须在这里等待和忍耐。

夜里一点，颜峻来了，带着一身寒气，坐在我对面。他摘下手套，握住我的手，说，小丫头，等急了吧？他的手是凉的，但传达出的内容却是温热的。我说，我想你，想极了。我们对坐着喝完一杯饮料，颜峻说，已经很晚了，我送你回家吧。

从城里回云岗的山路很黑，隔很远才有一盏路灯。颜峻专注地驾着车，我坐在颜峻旁边，把手放在车挡上，颜峻的手覆盖着我的手，换挡的时候，他的手微微地用一点力，一种很真实的温度从他指间传过来。

车开到我楼下，我把手抽出来，说，我上去了。颜峻用一只手捉回我的手，另一只把我揽到他怀里，吻我，第一次，一个40岁的已婚男人的吻。在那么多的爱情轮回里，我以为我早已铸就了金属外皮，然而我发现在颜峻面前，我的心还是鲜嫩地裸呈着。

第二天一早，我从早晨八点开始，给颜峻的办公室拨电话。飞机是下午的，我知道颜峻早晨一定会在办公室。打开八点半的时候，终于有人接电话了，正是颜峻。我说，我梦到你了……在你怀里。颜峻说，我也梦到你了。

这是一段有回应的爱情，恍如初恋。颜峻在美国的日子，我每天都恍恍惚惚的，想念他，他的手、眼睛以及吻。我每天都在易经、星座里寻找我们可能在一起的依据。算命的结果有时候好，有时候不好，好的时候，我犹疑着不敢相信；不好的时候，我沮丧地不愿相信。

半个月后的一个落雪的夜晚，我早早睡去。有电话进来，我接了，是颜峻。我惊喜地叫道："你回来了！"

颜峻说："是，刚刚。"

他又问："想见我吗？"

我说："想。"

他说："那你等等。"

两个小时以后，我的电话又响了。颜峻说："你下来吧，我在你楼下。"我披上衣服冲下楼去。

雪下得很大，颜峻帮我开了车门。半个月没见，却像是"此去经年"的感觉。"我给你从美国带了一份礼物。"颜峻说着，递给我一个漂亮的小纸袋，纸袋里是一瓶香水，很清冽的味道。"我还要回办公室。"颜峻说。我把头贴在颜峻的胸上，落雪的夜晚，一个40多岁的男人，冒着危险在山路上开了两个小时的车赶来见一个23岁的女孩，只是短短一面，而又要马上折返回公司，这一切，只是因为我说我想见他。

我无法不感动。这一刻，我想：就这样吧。因为对方是颜峻，我或许可以再多做一次已婚男人的情人。

我做成颜峻的情人吗？没有。当早晨的太阳升起的时候。我醒觉到一切必须在假设和揣想中早早结束。和颜峻在一起，犹如初恋一般的振奋并未掩去对未来的明晰的判断。我不奢望，也不幻想。我很清楚我和颜峻是没有未来的，"情人"永远只能是一个瞬间，长也罢短也罢的瞬间。情人就是这样，没有过去，没有以后。过去没法追究，以后不能追求。

"刹那光辉胜于永恒"这样的话只是一个我们年轻时放纵自己的借口。当反复地放纵之后，我无法不强迫自己去正视生活，无法再依赖这样的借口去汲取短暂而漂浮的快乐。我决定不再放纵自己，因为爱颜峻，因为很爱。因为不想爱情像从前一样，很快地开，很快地谢，我宁愿他永远盛放。就让一切到此为止吧。

做了这个决定，颜峻再打电话，我就在声音中设了屏障。颜峻再约我，我借故脱掉。这是对我，一个23岁的女孩所有耐力与韧度的挑战。但因为痛苦得有根有据，有足够的理由去忍耐和坚持，所以在这个冬天里，我便选择了这样一种痛苦而踏实的活法，我避开了颜峻，也避开了这段注定无结果的爱情。

很久以后，一个偶然的机会，我再次在FRIDAY'S遇到了颜峻。我们再次面对面而坐。我们相视而笑。在笑中，所有的一切都了然了。爱还是在那里，因为不碰，因为闪避，因为点到为止，反而纯净了。

我问："颜峻，你好吧？"

"好，还是忙。"

我又笑笑地问："你有情人了吗？"

"曾经有一个，但现在，我发现她离我越来越远了。我已经抓不到她了。"

"哦，能告诉我她是谁，什么样的？"我故意怀着好奇问。

颜峻的手伸过来，摸了摸我的头发，说："她很可爱，她是一个名叫涓涓的小女孩。"

心灵感悟

在现实生活中，婚外情，总是一个暧昧又敏感的话题。婚外两个字多少有些扎眼与痛心，这种无法见光的爱情难有正果，不是无疾而终，就是两败俱伤。理智地远离，也许才是最好的选择。

忘忧城

忘忧城是网上的一座雅致感性的小城，那个闻名的左岸咖啡馆就坐落在小河岸边的街道上。

他在等她。在咖啡馆不起眼的一角，他抽着烟。

今晚的左岸咖啡馆不算很多人，她从门外进来就他就会马上看见她。他呷了一口冰凉的爱尔兰咖啡。

十点半过后，她来了，安静地坐到他对面，轻微的笑。早来了？她说。

她的黑亮的长发遮住两边脸颊，嘴唇是很深的颜色，跟她眼睛瞳人的颜色一样幽深。

她要了一杯Cappuccino，拿了一根他放在桌上的香烟。他为她点火。

——今天她约我出去喝茶。

她边用手撩起头发边说。

——谁？

——他的情妇。她瞄了他一眼回答。

——她想怎样？他盯着她的脸。

——没怎样，只是聊天。她答。

停顿了一下，她又说，我知道他们昨晚在一起。

她总是轻描淡写。

她的丈夫，今晚也没回家，不然她不会到这儿来找他，他知道。

他们在这里见过几次，她告诉他她的丈夫有个情妇。

她喝了一口Cappuccino，雪白的泡沫沾在她的上唇，使她伤感的脸变得有点可爱。

他不禁伸出食指，轻轻替她抹掉那唇上的泡沫。

——你竟然就这样忍受？他说。

——我跟她交朋友，我不想把事情弄僵。她轻微地避开他的手，说。

——习惯了。她边说边露出一个强硬的微笑。

他一直盯着她的脸，试图看到她幽深的瞳人里去。可她总是有意无意地避开他。

这个一直用淡淡的语气对他说着她丈夫的外遇的女人。

——值得吗？你说你忍了三年，他已经不再爱你了。他用嘲弄的残酷语调说。

她抬起眼睛，黑瞳人里有一丝茫然。只是一刹那的失措，她恢复了轻淡的态度。

——可我还是爱他！

——已经三年了，他总会对她厌倦的，他最后还是会回来的。她固执地说。

他看出她的固执，或者说是愚蠢。

愚蠢的女人！你在虚耗自己。

——只能这样，我只能这样。

左岸咖啡馆里播放着的爵士摇摆乐在空气中回荡，伴着咖啡的香气，气氛总是祥和。

走吧，他说要出去换一下呼吸。

他们走出左岸咖啡馆，在忘忧城清净的河岸边并肩走着。

——从19岁遇见他，他是我唯一的男人。我没有别的选择。她眼望着幽灵眼睛般的河面，轻轻地说着。

——能够到这里来，跟你说说话，我就舒服多了。她说，看了他一眼。

——只是想跟我说这些？他问。

——我在平时，没有人可以说这些事。

她说过她早已经不再哭不再闹，她不会给任何借口和机会让他提出离婚。

——有没有想过假如有别的男人……

他的问题留下的空白使她回过头来注意他的脸。

——如果我爱上你了呢？他突然问。

——你不会。

她的声调淡漠地。

——我已经爱上你了。他的声音是冷静而坚定的。

她的眼睛里再次流露出无措，她把视线游移至空气中。

她说忘忧城好像有点变了。

——第一次来的时候这里好轻松啊，你在左岸咖啡馆里，和别人谈笑风生。

——后来你来了，我就只跟你一个人聊了。他接着说。

她静默了，再看他的时候瞳人罩上了朦胧的光，是泪光。

她没有再说话，转身默默地离开了。

他看见她披着黑色长发的影子消失在忘忧城的夜色中。

忘忧城是个没有记忆的小城，这里只有忘记。

这晚的左岸咖啡馆热闹了许多，男男女女彼此很投入而尽兴的谈话。

她披着乌黑长发的身影闪进咖啡馆的门来。也许看见人太多，她犹豫地靠着门边，把眼光投到他坐着的角落，然后迟疑地转身出去。

他们的目光相碰，他被她寻求他的目光触动。

她在寻求他。

他起身跟随着她的黑色身影，在带着奇幻气息的月下小街上行走。

——我怕你不会再来了。他说。

她涂了深色口红的嘴唇牵动了一下，一个难以捕捉的微笑。

——我不知道什么时候不会来，如果不能再来了就不来了。

她在小街拐角停下，那里有一个小花园。

人们都在咖啡馆和酒吧里聊天或游戏，街道上一片空寂。

空气里散发着旖旎的芳香。

——这里的人都在忘记，忘记很多东西。我害怕。她说着走近花园里一棵葡萄藤边。

月光掩映下寂然站立的她的侧影显得很凄清。

他在为她着迷，这个执意坚持的可怜的女人。

他站到她面前，用手拨开她垂在脸颊边的黑头发。她的脸那么消瘦，使眼睛显得很大。

忘了他，那个伤害你的人。他的眼睛在说。

他已经不再爱你了，而我爱你。

他使劲用双手捧着她的脸，不让她再把眼光移开，他要她直视他的眼睛。

她试着挣扎了一下，只好闭上了眼睛。

——别这样。她说。

他把她搂紧，用身体贴紧她，让她听他的心跳。

她瘦弱的身体整个变得疲软，他耳边感觉到她温热的喘息。他开始融化她了他知道。

——他好久没有这样抱过我了。凄楚的声音在他怀中响起。

他的身体顿住了。

他开始恨她，他开始粗暴地吻她。他吻她的眼睛、脸颊、耳垂、脖颈。

她双眼紧闭，从喉咙里发出微弱的声音，像远处刮过的风的声音。

他解开她胸前的衣服，吻她在月色下苍白而青涩的乳房。

这时她的脸已经缀满泪水，她张开眼睛看他的时候，他看到她所有的悲哀。

——我养的小狗，它今天死掉了。她很突然地说。哀痛的声音。

——它的眼睛，还睁开着，它们看着我……

她开始放声地哭，并反过来拼命死劲地抱着他，吻他。她的泪水沾湿他的脸和她的长发，她的哀伤与情欲混合得一塌糊涂。

她说她想文明用语，她已经几乎忘掉性爱的滋味，她与丈夫有的只是枯燥的房事功课。

他是她从19岁以来唯一的男人，他们曾经深爱。

——离开他吧，你还年轻。他在她耳边说。

她松开搂住他脖颈的手，抬起空洞的一双大眼。她的嘴角现出无奈的笑意。

——我能去哪儿？我已经习惯了有他的生活，我已经不能没有他了。

——跟我走，我会使你变快乐。他说。

静默。

她从又紧紧抱着他的脖颈，狂乱地吻他，似乎她急于把他要给她的快乐在这一刻全都吸取干净。

忘忧城的旖旎气息适宜潜藏情欲的勃发。

她走了，再也没来。

他曾对她说你来我这里吧，我喜欢你。她用恢复的轻淡口气说她要谢谢他，但她不能做任何出轨的事，她不能让她的丈夫对她有任何的把柄，因为只有愧疚感能使她丈夫不离开她。她养的小狗今天死了，她只是太过于伤心了。她说要忘记一些东西比想象的要难得多，如果真要忘记些什么的话，就把今晚的一切忘掉吧，这终究不会太难的吧，她说。

忘忧城只是网上虚拟的小城，他后来在左岸咖啡馆的留言板上给她留言，说他会在某处等她，但她终究没有出现。

心灵感悟

爱情中的背叛让人寒心，但因为还爱着，就必须包容，等着那个人明白、醒悟。心里有爱的人不忍心背叛对方，仍然坚守着爱的城堡，不肯背叛自己的心。真爱，如此凝重。

记得

那一夜的雨下得似乎特别缠绵，特别忧郁。我守在雨中的十字路口，两眼呆望着街灯在柏油路上泛着清冷的光。手凉极了，不知是因为这雨还是别的什么。行人已很稀少了，偶尔会有一辆轰鸣着的车亮着刺眼的灯照射过来，更使我禁不住地瑟然。我紧了紧衣服，既是为了驱寒，也为了使自己慌乱的心情平静一点。

正当我燃烧着的激情渐渐被雨水打湿而冷却下来时，他，来了。我又一次慌乱了，如物梗喉而说不出一个字来。

"真对不起，刚才我脱不开身，来了很久了吗？"他一脸真诚的歉意。我无言地给他一个谅解的微笑。"冷吧？来，穿上我的外衣。"他关切的目光温柔地罩住了我微微颤抖着的肩，不容分说给我穿上了他的大外套。我顿时暖和多了。抬起头却听见一声长长的叹息，他的眼底是无限的怜惜和掩不住的酸楚。

沿着长长的护城河堤，我们漫步在雨丝中的柳荫路上，那份难以形容的独特的美丽使我渐渐清醒了，可以去想一些事情了。我悄悄望了望身边这个在我心目中一直对他怀着崇敬感的男人，心里却是惶惑与不安。为什么会是这样的？为什么会鬼使神差一般来赴这个约？今晚，陪在他身边的该是另一个女人，还有他的儿子！我在扮演着什么角色？

一想到"第三者"这个字眼，我不由得浑身打了个冷战！难道20岁的我将背着这副沉重的十字架去上路吗？可我又不忍看着他就此毁灭，不忍看他强作的欢颜。我尊敬他，钦佩他，因为他有一双神奇的手。那双手不仅医治好了无数患者的病痛，还写出了优美如歌的文章。然而，他却无法医治一场失败的婚姻给他心灵上所造成的巨大创伤。

我和他在一所医院里共事，工作上的频繁接触，使我不得不注意到他常常锁起的眉头和一支接一支点燃的烟卷，并从他常常留恋着病房和办公室而迟迟不愿回家去享受本该温馨的天伦之乐的踯躅脚步中，察觉到了什么。但那仅是凭着我女性的敏锐而作的猜测。直到那天又和他一起值班时发生的那件事才让我透彻到他的苦衷。

永远不会忘记那一幕：他那位外表很美很端庄的妻子竟当众说出了那么多尖酸刻薄的话，使他处在了尴尬万分的境地。甚至在她临走时还恶狠狠地在他面前吐了口唾沫，留下一句"别得意早了，我不会轻易放了你的"，便扬长而去了。整个过程中，他始终紧闭着嘴唇，眼中是极力忍耐的激愤。真不明白他干吗要这样沉默！我忍不住地朝他吼道：

"你怎么这么没用！"

他可能没想到我会发表意见，而我也立即懊恼多管闲事了，忙低了头。谁知，他竟缓缓地说了一句：

"为了——儿子。"

我定定地看着他眼里闪闪的泪光，似有所悟地点点头。

是的，他有个极可爱的儿子，才3岁多，常被他带来值班室玩儿的，父子俩简直是一个模子里出来的。想必，那就是他难以割舍的骄傲吧。我理解了他博大的父爱，不由对他产生出一种女性本能的柔情。从此，我走进了他的那方天地，而他也把我当做唯一的知己和精神支柱——虽然，我们之间相差了十几个年头。他曾不无惋惜地感叹道：

"为什么老天爷不让我早些遇见你？"

我如被火烫了似的，心里一个劲儿地警告自己：你只能帮助他，而不可以有别的念头，绝不可以啊！

雨丝已淋湿了我的发梢。这时，我才惊觉自己的手不知何时竟已被他握住。我感受到了他的力量和热度，也感受到了他的痛苦和对我的信任。不能总这样沉默下去吧？明天，明天我就要走了，到一个遥远的城市读书去了，或许将再不回来！这金子一般的最后一夜啊！

"真想，就这样不停地走下去，陪着你。"他终于先打破了这份难耐的寂静。是啊，仿佛这世界只有我和他的存在，我们也只有这一条雨路可走。在一株枝叶茂盛的柳树下他停住了，转过身来用两臂轻轻环绕着我，而我就这样一下子离他好近好近了，近得让我透不过气来。

"彩儿，谢谢你！谢谢你今晚能与我共度。我不敢有任何的奢求，更不敢亵渎了你给予我的这片纯洁的天空。能认识你真的让我很欣慰，也满足了。以后，别把这些记在心上，明儿个起床就把它从脑海里抹去好了。"

你还年轻,今后的路长着呢!"他笑了一声,带着苦涩与无奈,"这么多年也过来了,习惯了,她哪天不吵两句我还觉得少了什么似的"。

他边低声说着,边为我拂去发梢和脸上的雨滴。然后,他发现了我那抑制不住的决堤般滚落而下的泪了。因为我根本没想到他会这么说,刚才隐含着的戒备和担忧此刻全化作了内疚和自责——我什么也未曾给予他啊!

"哎!傻彩儿,你真傻得叫人心疼!"他磁性的声音中也有几分哽咽了,却仍忘不了给我一个真诚的兄长般和蔼的笑容。

我使劲儿忍住了抽泣,回报他一个含泪的笑容。

"以后别再折磨自己了,想开点儿,说不定,会有转机或者奇迹出现呢!"我听见自己并不肯定却十分诚恳的声音。

"是啊,说不准儿呢!"他笑着附和着我。其实我知道,他只是为了让我无牵无挂地离开。

送我回去的路上,雨,还在不停地飘着,飘着。那一夜好像全被雨水给占满了。

第二天,他很意外地没来送我,只托人带来了一封信。我急急地打开来看。

"彩儿,原谅我不去为你送行了,真怕看着你在眼前消失啊!也不知道送你什么礼物?昨晚回来无法成眠,在雨声中为你写了首小诗,你看还喜欢吗?——我应雨声而来/只因你在雨中//你很冷吗/我专注地看着你/你给我一个模糊的情影/应着雨声/我依稀听到你的心在跳动/在呼唤着善良纯真的情愫//灯光辉映照亮着你脚下的路/你踩在雨水上的足迹/缩小几倍/才是我的形象/我愿意在这条小路/伴着你从朝到暮/追随你天荒地老/可是,我却只能拥有/这一夜的雨雾……"信未读完,我已泣不成声了。

许许多多的日子悄然流逝而去了,我再也没有过他的消息。然而,每当雨夜,我总会独坐窗前,打开20岁那年深秋的记忆之仓,让那往事随雨丝流淌出来。正如今晚,我伴着夜雨的吟唱,念一首名叫《记得》的小诗。

"你如果/如果对我说过/一句一句/真诚的话/我早晨醒来/便会记得它……"有一种情感,默无声息,淡如轻风,却能长久地执著地散发暖人的温馨。

心灵感悟

我们共同拥有一片天空，却不能同时闻到花香；我们共同踏着一片土地，却不能同时印下脚印。命运捉弄，让我们相遇、相知、相爱却不能牵手。只因我晚了一步认识你……

谢谢你的爱

第一次上网不知道是什么时候了，只记得和同学走入网吧的时候，满屋呛人的烟味有点刺眼。格格拉我坐在4号机上，帮我打开电脑，熟练的申请了个QQ，那时候，QQ的申请容易得像吹声口哨，然后我就得到了我的号。格格把我扔在一边开始她忙碌的聊天，我懵懂地看着那只小企鹅，有如外星人。那天晚上，一指禅竟然让我安然应付了几个无聊男孩公安状的审查。我很意外，打字不过如此，聊天不过如此。

日子还是这样的平静过去，我改了曾经的资料，把自己说的更成熟些，以免男孩的打扰。于是，我认识了他，一个成熟的已婚男人。如果在现实生活里，我断然不会去招惹他的，我有我的人生规则，我懂得责任和道德，但在网络里，我察觉不出爱的潜伏，就这样在不知不觉间爱上了他。

今夜，我坐在网吧里，仔细回想3年前我爱他的理由，我没有答案，爱了，就是如此简单，真的没有理由的。也许只是因为我说自己好老他没有嫌弃？我以前总认为男人只爱女人的美丽，我很美丽，所以，我不恋爱，我不想让自己的美丽降低了自己的精神。我可以轻而易举地打发掉对面男寝半夜里狼嚎的歌声，却不经意间，让他的一句不在意给掳掠了心。人，就是如此简单，一旦对方不在意你最值得炫耀的东西，你反倒觉得他深刻了。我们就这样聊天聊地，聊了3个月，突然有一天，他说他的理想是开个聚氨脂化工厂，我随口说："那我是学财会的，大学毕业去给你做会计吧。"

他好久没说话，我只当他的儿子又在闹他讲《西游记》了。过了1个小时，他突然发了条信息：我们把对方都删除吧。我懵了，我觉得我没有说错什么话，那时候，也不知道删个人比呼吸还简单，我觉得他在QQ里判了我死刑，我一下就哭了。我问他为什么，他说，他觉得爱上了我。呵呵，我想，如果是现在，我会马上删除了他的，我明白了爱在网络里同现实里一样可以彼此伤害，可那时候，我觉得我小的什么都不懂，想法很天真，我问他："你怎么那么狭隘啊？我对你只是好感，我们只是有着共同的爱好，你有家，我也有（我是这样告诉他的），爱，不会如此平淡。"他还是坚持要删除，说他觉得不对了，他不想犯错，我没办法就答应了。他打过来最后一行字："欣子，现在改正还来得及。"

　　本来事情就这样结束了，只是因为我的不认命的个性，改变了我的生命。我没有删除他，只是隐身了不让他看到我，那天，我坐在网吧里听着他曾经送给我的歌，听的很迷茫的时候，他上线了，我只是一时的冲动，打了句歌词发给了他，又突然很后悔，马上下了线离开了。过了很久，我没再去网吧，我不敢打开QQ，我怕我看到的是一堆他的信息，又怕看不到他的任何信息，我很矛盾了。但最后还是打开了，我看到的是，他说他很后悔，他不能没有我的信息，那一刻，我就知道自己陷落了。我重新把他加入了好友，我们一如既往的胡聊，直到有一天，他说要来看看我这个"姐姐"，不看，一辈子都遗憾。

　　我们就这样见了，初见的一刻，他的惊诧，我顽皮的微笑，我知道我的美丽打动了他，但那一刻，我很骄傲。后来我们就这样相爱了，我们把网络的爱情拉进了现实。我们住在很遥远的两个城市里，我们彼此有彼此的生活。

　　去年夏天，我毕业了，他也开起了他的工厂，他曾经跟我说去他那儿，我来做法人，我拒绝了，只是因为我是他的情人，我不想伤害了他无辜的妻子和孩子。我在自己的城市找了个工作，朝八晚五的，日子过得很规矩，我不曾想过恋爱，我的心里已装不下别的男人，我只是在等，可我不知道我等什么？我等不到他来看我，也等不到他来娶我，能等到的，只是网上彼此亲切的问候，可那也随着他工作的繁忙而日渐减少。我曾经无数次地问自己，我是他什么人？他在我的生命里如此重要，而实质上不过见过一次，并付出我的贞操的陌生男人，我的爱，对于他，对于我自己值得吗？我没有答案，可我也没有选择，我必须爱他，没有理由。

如果事情就这样结束了,我会感谢上苍对我的恩赐。而不久前,一天上午,单位突然停电了,我就跑了出来,实在很无聊,想上来看看有没有他的留言,没想到他竟然在线,我高兴极了。

可聊了几句便发现不是他,口气不是他。她是个女孩,她冷冷地说着我们的故事,她的不在意彻底打垮了我,打垮了我的自尊,我的付出,她复制着我曾经写给他的书信,像复制一张尸检报告,我沉默了,轻轻的点击鼠标,无声地把他拉到黑名单里。这是我3年来唯一黑掉的一个人。

我无法从悲痛中解脱出来。我唯一的一次爱情,破碎得像雾一样。我可以接受没有名分,我甚至可以接受没有真实的触摸,我只要他一点点的珍惜,一点点的感动,一点点的记取,难道过分了吗?这样简单的爱情,他为什么还会如此不在意?我站在镜子前,看对面的女人,她的美丽杀了她自己,她的眼睛像黑夜里的湖水,黑得如此透明。

在床上躺了3天,滴水未进,然后我又笑着走进了人群,大家只是说我比以前开朗了。爱情背叛了我,我却不能背叛过去,一次我轻易的付出,全部的付出,让我丢的如此彻底,我从此离开了QQ,离开了网络,离开了纸醉金迷的世界里最虚伪的生活,我可以在白天的忙乱里跳舞,却在夜晚不能面对自己,我只是想不通,为什么他会背叛了如此简单的我。

转眼过年了,和家人喝酒,我有点喝多了,我看见他坐在我对面在笑,那笑,依然深情。我伸手忍不住去摸他的脸颊,摸到的却是雪白而冰冷的墙。我摇摇头,一切幻影都消失了。我急忙奔下楼,跑到庭院里那棵梅花树下,雪白的花瓣,因我匆忙的撞击而纷纷落下,像雨也像泪。为什么他还是如此深情?我不是不只一次的诅咒过他吗?为什么他还在深情地微笑?我抬起头,一枚花瓣落在额头,凉的像冰,淌的像泪。我把花瓣捧在手心,它那么美丽而娇柔,像我这场雾一样的爱情。天空上升起了一蓬烟花,淡紫的烟花,一闪即逝了……

第二天,我又去了网吧,我对他的QQ发出了加入的申请。这就是我的结局。我想你一定在笑我傻,可我觉得我现在很聪明。

一次背叛的爱情,将改变我一生的命运。我曾经执著地认为,爱就是付出了,并且得到,但这次爱情改变了我的想法。我曾经如此的爱过你,也曾经如此的恨过你,但此刻,我的心却只有感激。也许,作为爱人来说,你真的不是个好男人，但我依然感谢在我还不懂爱的时候把爱给了你。如果爱是没有错的，那么，我们更没有权利去谴责被爱，如果爱在我的生命里是宿命的，那么，我们更没有必要去谴责对方宿命的离开。爱了你，是我在体验因你而带给我生命的美好，如果你也轻轻到拥着我说：我也爱你，那只是你感动了。就爱情而言，我感受的比你丰富，我爱的比你深切，我的生命因为你曾经的爱和成全而比你精彩。那么，我有什么怨恨你的呢？我有什么权利去要求你感动了就永远感动下去呢？我在QQ的留言里轻轻打上：谢谢你的爱。

心灵感悟

<u>你背叛了我们的爱情，你提升了我的生命，你让我懂得了爱的可贵和被爱的珍惜，是你告诉了我在以后爱情的旅途上留意每一个爱的细节，把爱刻在心里，留在眼里，把每一天的爱情都铺成一道风景，珍惜正在进行的爱情，珍惜他深情的回应，珍惜每一个哪怕不能实现的誓言，因为那里面都栖息着爱的呼吸，精彩着我的生命。</u>

<u>如果爱情注定要背叛，或者在婚姻里，或者在婚姻外，那么，我想，在我的生命里，或许还有背叛我的男人，但我永远也不会背叛自己了，在这场背叛的爱情中，我找到了自己，找到了永恒的爱情。</u>

没有结果的一见钟情

认识苏是在一个晚宴上，可儿是一个女朋友叫去的。之前她并不知道，苏会在那张桌子旁坐着；并不知道，他会走进她的生活，会在她的爱情剧本中写下最震撼、最辉煌的一章。

那个时候可儿正在办护照，过完新年，她男朋友将飞回国来带她一起去美国。她男朋友一米八零的个头，是以前满清皇室的后裔。虽然，虽然可儿并不是那么喜欢他，可女人一生，终归是要找个男人托付终生，终归是要嫁人；更何况，他对她很好、很好，因此，可儿也认命了，但是她遇到了苏。

可儿和她女朋友是姗姗去迟的,到的时候,已经有几男几女坐在那儿了。她并没有想要勾三搭四,苏却盯上了她,总是在她跟朋友说话的时候插进话来。可儿不得不抬头看他,苏也正在看她,没来由的,她听到了自己的心跳,迅速低下头,却听到心里面一个声音在说:"Dream lover"。是的,苏是令人不得不注意的:高大、漂亮、风趣、成熟……可儿想不出还有多少的形容词可以形容他。他们俩一见钟情。

苏并不是本地人,他只是去她的城市办事,所以逗留几天。就在当晚,他告诉了她自己的一切。可儿不知道,原来两个人还可以聊天聊一个晚上!

第二天,他们已是一对情侣。她的朋友们说:从没见过两个人用那种"胶着"的眼光看着彼此。

接下来是他离开了,每天一个电话。然后是她飞去他的城市看他,酒店暖洋洋的房间里,小别的情侣发泄着他们激烈的情欲。

她是那么爱他,爱到心都痛了。那个时候她最大的愿望就是:时间可以走得慢点,如果可以,她甚至愿意在他的怀里死去。

苏很忙、很忙,每天办完事还要去陪她,可儿知道,她该回去了,她不想他那么累,因为她是那么爱她。苏给他的承诺是:忙过了便飞去看她。

以后,可儿生命的意义就是:守着床头的白色电话,等待着那震撼人心的电话铃响。他们开始吵架了,因为他每次打电话来,她都要问他什么时候见面,他每次都说你除了这个还有没有别的?然后再和好,然后再吵架。

有一晚,可儿拨通了正在北京出差的苏的手机,对方的手机传出来一阵歌声嘹亮,手机断线了。二十分钟后,苏打过来了电话:"没电了,我去酒店换了块电池。"可儿不说话,只是抱着电话哭。终于,苏不耐烦了:"等你平静些再说吧。"可儿道:"不用了,你以后永远都别再打电话来了!"苏抢先挂断了电话。

可儿失踪了半个月。

半个月后,她打电话给苏:"对不起,我想你!"

苏回答:"我们还是分手吧,我实在是受不了你的脾气。"

可儿问他:"我只想问你,你到底有没有喜欢过我?"

"你明知道的,何必问?"苏道。

她哭了，哭得一塌糊涂。但她并不恨苏，因为苏，她的生命里才会有一段那么美丽的爱情故事。

几个月后，她美国男朋友回来了，可儿并没有告诉他这段故事。只是，她的眼睛，却比以前更忧郁了。

心灵感悟

"人生若只如初见，何事秋风悲画扇。等闲变却故人心，却道故心人易变。"与意中人相处应当总像刚刚相识的时候，美好而又淡然，没有后来的怨恨埋怨，一切都只停留在最开始的美好阶段。如今轻易地变了心，却反而说情人间就是容易变心的。

生命中总有一段遗憾的爱情，让我们难以释怀。

爱情和婚姻

阿丽和阿强，俩人为上海某高中同校而不同年级的校友。阿强来美国留学后的第二年，回上海与大学毕业后不久的阿丽结婚。在获得美领馆签证后，俩人再一起离开上海飞往美国南方那座大学校园，一道求学并攻读研究生学位。

阿丽外表甜美、小巧可爱，在中国留学生中颇引人注目。阿强聪明、有为、爱玩，是学校中国学生足球队的活跃分子。两年后，阿丽硕士毕业并在北卡州一家公司找到一份工作。阿强在学校，继续攻读他的博士学位。

那一年圣诞节休假，我开车从华盛顿回南方那所大学过圣诞节。因为路途间距阿丽上班的那个城市不远，阿强要我绕道一下顺便把阿丽带回那所学校。我妻子，在那所大学念书也还没有毕业。

那一次十个小时的旅行，给我印象十分深刻。不仅仅是因为，我和阿丽谈了很多关于上海的话题，关于上海文化与建筑，关于南京路和外滩，关于城隍庙和小笼包，关于大闸蟹和麦当劳，关于春节和圣诞节。尤其在那次的旅行中，我看到了一幅我以前从没见过的风景。

那是下午4点钟左右，我们的汽车正好沿着I-85号州际公路朝南方向开。闪耀的太阳正对着我们的眼前方，强烈而又刺眼。忽然间，天空下起了鹅毛大雪。飘落的雪花在阳光的照耀下，斑斓而又绚丽。我们甚为激动与兴奋，感叹而又欢呼——汽车仿佛正快速开向一个神秘、让人想象、和童话般的世界。

十分钟以后，天空的画面，重新回到了原来。

我记得，在那次的旅行中，阿强打过好几个电话给阿丽，问起我们的车已开到哪儿。我告诉阿强，汽车很快会穿过南卡州，就要进入学校所在的州了。晚上11点到达学校后，阿强早已在公寓前等候。我和阿强相互拥抱并互致问候，阿丽则送给我儿子一盒巧克力圣诞礼物，大家彼此祝福圣诞节快乐。在那个圣诞节过去后的很长一段时间里，因为大家都在忙碌着，我都没有他们俩的消息。两年后，我听到了让人难以置信的一件事。

那一天，阿强从弗吉尼亚州赶来到我家坐。他告诉我，说他已经很长时间没有和阿丽来往了，俩人正准备离婚。

听到这话，我感到十分地震惊和惋惜。我怎么也不会想到，看上去好好的一对夫妻，怎么说散就散了呢？我很想了解，是何种原因使他们变成这样？悲郁而伤心的阿强，似乎并不想说太多："过去了的事，就让它过去吧。"

我在想，男女两人间的爱情，有时候，或许就会像那一场阳光闪耀下飘落的雪花——短暂、耀眼、绚丽、和灿烂。婚姻，则需要双方细心培育、保养和经营。因为，她是彼此间一份共同的意志和承诺。

心灵感悟

<u>爱情是唯美的东西，但是婚姻却是现实的。相爱总是容易，相处却太难。其实婚姻也好，爱情也罢，要的都只是两人相互依靠的感觉，只要彼此能依靠，就能跨过所有的困难，不论是吵架还是流泪，围绕的不过都是那一个情字。爱一个，就一定学会包容他。</u>

老公，我走了

老公，对不起，我终于狠下心来和你说离婚了。一直以来我都是个懦弱的女人。我用尽心力地守着我们的婚姻，为你烧你爱吃的菜，为你买你喜欢的CD，为你把一切都弄得很好，给了你我所能给的幸福。而我从未和你提过任何要求，我怕你觉得我烦。

可现在我想通了，相恋再久的感情都敌不过几小时的一见钟情。

第一次看到你和她的照片是在音乐网站上，第一次见到她是在你和他离开的酒店门口，第一次听你提起她是在我们结婚3周年纪念晚会上。那真是一个美丽的女孩。

我偷看了你给她写的邮件，里面的每一句话真的好甜蜜，好感人。我看着看着就哭了，我骗自己，这是你写给我的，你永远是爱我的，你怎么可能和别人爱得那么深呢？是啊！你没有提离婚，我怎么敢说，我怕说了就真的，永远永远都没有你了。

老公，我真的很爱你，很爱这个家。所以你不说，我也什么都不问。只是在你睡了以后慢慢地哭。你知道吗？我想谢谢你，谢谢你陪了我那么多年，我知道你很爱她，就像我爱着你那样。你没说过离婚，我已经很庆幸了，至少你还是回家陪我，会吃着我做的饭菜，傻傻地笑。至少你还记得回家给我一个拥抱，记得我的生日！我觉得够了，真的。我爱着你，包容着她。我以为我们可以就这样相安无事地永远相处下去。直到你昨晚和我讲了一个故事。

你说：我有一个朋友，他已经结婚6年了。他有个很好的太太，一直以来他都爱着他的太太，可4年前他遇到了一个美丽的女孩。女孩对他很好，给了他太太所没有的激情。于是他们恋爱了，偷偷摸摸却又热烈地爱着。女孩很懂事，和他在一起那么久从来没有提过结婚之类的事。他依旧爱着太太，只是那已经是属于2个女人的爱了。

他不会抛弃他的太太，因为太太对他太好了，好得找不到分手的理由，找不到伤害她的借口。可现在女孩怀孕了。女孩和他提出了结婚。女孩跟了他4年，把女人最美好的东西都给了他，他没办法拒绝女孩，可又无法抛弃爱他的妻子。

故事到这就结束了，你问我："你说他该怎么办？"

我没有说话。我知道这是你和她之间的故事。这是你最无奈的选择。

昨晚你睡觉之后，我在旁边看着你，看着你好看的脸。看着你熟睡的样子,你睡得真甜。我吻了你,在你身上小心地留下几百个吻,我知道这是最后一次了。宝宝,我的泪一滴一滴落在你胸口,慢慢化开。一滴一滴落在了我碎掉的心上。

宝宝。我走了。我知道我的离开才是最好的结局。我不在你身边,自己要好好照顾自己。我把家里收拾干净了。饭在电饭煲里,回来以后记得自己热热吃了,这是最后一次给你做饭了。记得不要因为工作常常饿着,对身体不好,还有你有胃病,别和朋友出去喝酒,少吸点烟。我帮你定了1年的牛奶,他们会直接送到家里的,记得要热过才可以喝。你想买的CD我也买了,就放在电脑桌上。还有什么?对了,这个家里的东西我什么都没带走,除了你第一次送给我的礼物,那只绒线小熊,我已经习惯抱着它睡觉了。以后它可以陪着我,抱着它我会感觉到你的。

我走了,离开的时候心里很痛,我们住了6年的房子,我和它说再见,我守了6年的家,我和它说再见。我爱了那么多年的你,我和你说:要幸福!

老公,我走了以后你要好好爱她,知道吗?不要在爱情里伤害任何人了。一定要对她很好很好,就像我对你那样。帮我吻你们的孩子,我想他一定会很漂亮的。告诉他,我会祝福他的。

我依旧爱着你,只是从今天开始一切与你无关!

心灵感悟

喜欢一个人,就要让他快乐,让他幸福,使那份感情更加诚挚。如果你做不到,那你还是放手吧。所以有时候,有些人,也要学会放弃,虽然很残忍,却也是一种美丽。

替代品

大一那年,我认识了瑾。

那时他已经毕业了,在他父亲的公司。公司在外地,他只有偶尔回来。

瑾和我们大学的一个男生是高中同学,也由此在校园里见过我。通过那个男生,他得到了我的号码,第一次给我发短信,很直接地说想和我做个朋友，因为我很像他的女朋友。

我没有在意，他也没有提出进一步发展的要求。在以后断断续续的联系中，他只是和我讲他和他女朋友之间的事情，说他们已经在一起4年了，可是现在正在闹分手，他真的很难受。因为他背着他的女朋友，和别的女人睡过。但那只是一时冲动……他心里爱的，还是他的女朋友。

慢慢的，我对他的印象开始转变。觉得他是个很专一的人，并且很让我心疼。

明知是个替代品

3个月后，我们约好了见面。

第一次见他的时候，我特意打扮了一番，约在一个餐厅门口见面。他来的比我早，见我过去就叫我的名字。那是我第一次见他。

说真的，有些失望。他的相貌没有我想象的那样出众，但是和学校的那些男生比起来，他要成熟稳重得多，而且更有男人味。

从这次见过他以后，他经常来我们学校接我。一起出去玩的时候，他非常体贴，这让我很感动。

终于有一天，他说他和女朋友分手了，他问我愿不愿意做他的女朋友。那时候我明知道我只是个替代品，可我还是答应他了。

一时心软

和他交往以后，他对我真的很好。

我从开始对他的不信任，到慢慢的相信……

终于，半年后我们发展到了最后的底线。他惊讶我还是第一次，他抱着我说一定会好好对我，要娶我做老婆。

那时候，我以为我们会一直幸福下去……

直到有一天，他来找我，哭着说他和他的女朋友和好了。他说他家里的人都希望他们能在一起，而且他的女朋友用死来威胁他。他没有办法就答应了。我的心都碎了，强忍住眼泪说那我们分手好了。

听我这样说，他哭着求我，说不能没有我。还问我愿不愿意和他一起去死！他说活着不能在一起，那就死了在一起好了……也怪我那时的心软，才有了以后无法挽回的错！

从那以后，我就由原来正大光明的女朋友，变成了"第三者"。

反复纠结

有一次他来学校接我出去，在街上正好让他的女朋友碰见了。那是我第一次见到他的女朋友。他说的没错，长得确实很像我。

那时候他的女朋友接近歇斯底里，在街上就要动手打我，但是他拦住了。可是他的女朋友不肯就这样算了。她在街上就动手打他，并逼着他把我赶走……

那是冬天。我在离学校很远的地方……身上的钱不够打车回学校，于是我走了整整3个小时……不觉得累，只是觉得我的眼泪都要流干了……

回去以后，朋友都劝我和他说得绝一点，让我逼他和他女朋友分手。可是我犹豫不决，毕竟他们好了那么长时间了，我不忍心这样对待一个女孩子……

所以我决定，我干脆退出，成全他们。

他不同意。但是我坚持。

终于，他说要和他的女朋友分手。

我们就这样又在一起了。

以后的日子里，他对我并不像原来那样好。经常发生打电话不接、发短信不回的情况，而且也不怎么主动联系我了。甚至好几次回家都没有告诉我，是我把电话打给他才知道的。

终于，我看到他手机里有一条他原来女朋友发来的短信。我忍不住打开看了，我才发现，原来他们根本就没有分手！我一口气看了他们发的所有短信，那么多的甜言蜜语……我当时脑子里一片空白，只剩下心痛！

我拿着手机质问他，他很平静地承认了。

那天我们大吵了一架，我长这么大从来没有发过这么大的脾气。

最后，他说要不我们分手！

听到他这样说，我夺门而出，他没有追我。

之后的几个月，他果然没有再联系过我。而且他换了手机号，音信全无。

那段时间我都不知道自己是怎么过来的。

我不上课，白天在宿舍睡觉，晚上出去喝酒……

我像完全变了个人似的，朋友们看我这样，纷纷给我介绍男朋友。

我承认他们给我介绍的当中，有些人比他的条件要好很多，而且我也和一个同校的男生交往了两个多月。那个男生是系里的系草，成绩优秀，对我很好。但最终，我还是提出分手了。

因为我心里就只有他一个。

直到有一天，我逛完街回学校，却在路上遇到了他。他说他很想我，说他那时候真的是迫不得已才和女朋友和好的。他说之后去学校找过我，却看到了我和别的男人牵着手……

就这样，我又心软了。我们又恢复了以前默认的那种情人关系。

但是从那以后我没有问过他一次"你爱我吗"之类的话，更没有花过他一分钱，或者向他提出过任何要求……我害怕失去他。

就在前些天，我无意中听见，他和家人谈论结婚的事情，是他和他的女朋友……我心如刀割，但是我忍住眼泪，笑着问他晚饭想吃什么？

一直到现在，我都是在他和他的女朋友之间，扮演了第三者的角色。大学也只剩下最后的一年，我还没有正式谈过一次恋爱。我的青春和爱情，全部都放在了这个男人身上。这个男人，我死命的爱着。爱得那么疼痛、那么狼狈、那么无奈、那么撕心裂肺！

这样的一份没有将来的感情，我不知该如何收场，更无法对任何人说我的心痛。因为在世俗眼里，我是个第三者，是个破坏别人幸福的可恶女人，根本不值得同情。造成今天这样的后果，也都是我自食其果。

希望我的故事能给别的人做个警示，不要轻易介入别人的恋情，尤其很多年的恋情。受伤的，是自己。

心灵感悟

爱情路上，我们不仅要懂得珍惜，更要学会放弃。学会放弃，在落泪以前转身离去，留下简单的背影；学会放弃，将昨天埋在心底，留下最美好的回忆。学会放弃，让彼此都能有个更轻松的开始，遍体鳞伤的爱并不一定就刻骨铭心。这一程情深缘浅，走到今天，已经不容易，轻轻地抽出手，说声再见，真的很感谢，这一路上有你……

不过是一场没有结局的相遇

一

洛美在迷迷糊糊中，撞在了许可身上。当洛美明白是怎么一回事时，立刻惊出了一身冷汗。许可的手，正紧紧抓着她耸立的胸部。

洛美一个鲤鱼打挺逃脱了许可的魔掌，愤愤大叫，你这个流氓！

许可的脸，瞬间就红了。也许是有些紧张，也许是急于辨别什么，他说话竟有些结结巴巴，语无伦次。我，不是的，你。

看到他的狼狈样子，洛美竟不忍心再骂下去。只是感觉周围的眼睛，比外面7月的阳光还要毒辣。地铁刚好到站，她一头扎了出去，顾不得那么多了，本小姐的脸面最重要。

洛美气呼呼地冲到公司，一上午都没有好心情。大庭广众之下被人摸胸，却不能狠狠抽那人耳光，真是郁闷啊。中午时分，洛美昂着胸从卫生间出来时，刚好看到那个可恶的人，他也稳步走出卫生间。

看起来，他大概35岁吧，样子不是很难看，甚至有点儿那么帅的味道。洛美想，如果没有早上的地铁事件，也许，我们还能擦出点火花什么的。但，地铁里那尴尬的瞬间，又让洛美狠狠瞪他。未料，他们竟异口同声：你……

突然就打住了，洛美狠狠的用力跺了跺脚，优雅的转身。其实，转身的刹那，她就已经后悔了。那8厘米的高跟鞋穿在脚上，已经是很难受了。偏偏刚才跺脚时不小心崴了。洛美龇牙咧嘴回到办公室，脱下鞋子用力搓揉疼痛的位置。

抬起头时，那个可恶的男子正悠闲的品着咖啡。天！这也太欺负人了吧。洛美生气的想，他竟敢从地铁站追到我的办公室！

洛美拎着鞋子在他面前晃了晃：不要欺人太甚，你信不信我敢把它砸向你的脑袋？当然。他说，我完全相信，你是一个很有个性的女子。

我呸，不要给脸不要啊。气愤之极，那只可怜的鞋子被洛美扔了出去，

刚好砸在他的眼镜上，啪的一声掉在地上，碎了。

洛美有点害怕了。其实，她真的没有想去打他，只是，鞋子不知怎的就从手里飞出去了。她慌忙蹲下来捡拾散落一地的碎片，却不小心被碎片扎破手。许可拉过洛美的手，从口袋掏出纸巾，仔细擦拭流出的血。他说，你真不小心。洛美说对不起，我不是真的想打碎你的眼镜，要不我赔你吧。

他笑，洁白的牙齿，深深的酒窝。我的眼镜从香港带来的，你也要去香港给我买啊？

洛美说那我就给你钱吧。

他摇摇头，我不要。洛美急死了，那你想要什么啊？

他依然是迷人的笑容，我要你，请我吃饭。

二

洛美真的请许可吃饭了。后来想想，也许自己是色迷心窍吧，看到那样的帅气男子，自己多年的矜持就荡然无存了。看样子，修行再高的人，也逃不掉一个色字啊！

知道他叫许可，刚从香港到内地不久。今天，他是开车来公司的，只是半路汽车坏了，他临时换乘地铁，刚好发生了那不雅的一幕。他说我对你没有任何的不尊重，只是当时太突然，我怕你摔倒，就……

他把手在空中摊开，耸耸肩。这个动作，简直迷死人了。他的手指干净白皙，指甲光滑透着红润，让人联想到运动和健康。

许可说他不喜欢香港，香港有太多的纷扰太多的嘈杂。他说他也不喜欢上海，上海基本和香港很像，太多的人太多的车，让人窒息。他说他还是喜欢比较宁静的地方，慢慢的品味生活。

洛美看着他，在鬼魅的灯光中，突然的就爱上了这个陌生的男人，爱上了他追求平淡生活的态度。洛美说，要不，我做你的免费向导，带你去周庄吧，那里有小桥流水的农家生活，有你追求的平淡和从容。

许可说了很多，他的从前和过往，以及那些岁月里残缺的爱情；洛美听着听着，就走进了他的世界，那一刻她很笃定：这就是一见钟情！

10天后，洛美和许可出发了。许可驾着车，在高速上飞奔。一路后退的田园风光，让许可很是兴奋，他甚至说他想在这样的地方购置一套别墅，他说他讨厌住在拥挤的香港或是上海。他说这样的地方空气好阳光好，人活着是一种享受。

洛美带着许可在周庄的小巷里寻找快乐，许可孩子般吃着小吃，购买只有孩子们才喜欢的小玩意儿。在双桥，洛美和许可坐在船舱里，看岸边的人家，听摇橹的女子唱着"摇啊摇，摇到外婆桥……"

许可沉默许久，他说很小时外婆已去世，他没有像别的孩子那样，享受到外婆的爱，没有躺在外婆的怀里，听外婆唱起这首歌，也没有在外婆的故事里甜甜入梦。他说这是他抹不去的遗憾……

洛美再次看到许可眼中的晶莹，她发誓，她要用尽自己所有的爱，去宠爱她身边的这个男人。她用手环住许可，紧紧拥他入怀。许可孩子般躺在她的怀里，怀念自己远在天国的外婆……

那晚，洛美第一次躺在一个男人的臂弯里；那一夜，她成了许可的女人。24岁的洛美，第一次体味到爱情的甜蜜

三

洛美搬进了许可的家，她把自己的房子租了出去。从此，她成了一个快乐的小女人，早早起床，为许可准备早点，看着他幸福的吃她准备的爱的早餐，她就感到无限幸福。

其实，洛美是一个好女孩，她会烧得一手好菜，会好几种菜系。她说，她喜欢把家弄得满是油烟，有着淡淡烟火味的家，才有温暖和幸福。她说为自己的爱人烧饭，那是一种最大的幸福。

许可是喜欢运动的，有时下了班，他们相约去健身馆。走在许可身边，洛美会有一种错觉：这样的幸福，是属于自己的么？但，握着许可的手，她又能感觉到，他的呼吸，他的味道，那么真切的存在着。

很多次，许可拥着洛美，在她的耳边呢喃，亲爱的，我要你做我的妻子。此时的洛美，被这样的承诺和幸福击中，她已经不知道，这究竟是不是在做梦。

许可带了洛美去看钻戒，那种大大的，闪着亮光的戒指。许可拿了戴在洛美的无名指，一个一个地试戴，直至完全满意。许可去付款，柜台的小姐艳羡的说，哇，你真幸福，男朋友给你买这么大的钻戒，要好几万呢。

洛美的心，第一次被虚荣包围，她笑，眼里溢满了幸福。

也许，爱情的开始跟物质无关。只是后来，物质的砝码被层层加上。

四

国庆节，许可带着洛美飞去香港。当飞机穿越云层，抵达香港时，洛美的心中直跳，仿佛装了几只小白兔。

香港和上海是有很大不同的，香港有迪斯尼，有兰桂坊，有着太多上海没有的东西。最重要的，她这个丑媳妇要见到未来的公婆了，她即将成为他们家的一分子……洛美有太多的理由去兴奋。

第一晚，许可没有带洛美回家，而是住在了酒店里。朦胧中，她仿佛听见许可说话的声音，她睁开眼睛，许可正站在窗前，背对着洛美打电话，洛美断断续续地听到什么不可能，孩子、责任等字眼。

洛美的心，开始有些空落。这场让她骄傲的爱情，难道只是烟花，瞬间消散？眼泪，没理由的就落了下来。许可打完电话，回到床上，亲吻她，拥抱她。洛美假装熟睡，背过身。第一次，洛美背着许可睡去。许可用力扳，她也不理。

很快，许可说洛美，香港一点儿都不好玩，我们还是回去吧，找个有山有水的地方，多好。洛美不多语，她好像明白了许可不愿待在香港的原因，尽管只是猜测，但，那肯定和一个女子有关，和他的过往有关。

洛美温顺地点头，心里的委屈，逶迤而过。

洛美发现，回到上海的许可，经常皱着眉，烟也抽得凶了。尽管，她曾告诉许可说香烟对身体的危害有多大，但许可还是疯狂的抽烟，直至被呛到剧烈咳嗽。

洛美隐约感觉到她和许可之间，存在着一个危险的信息，这个信息，足以让她的幸福在瞬间消失。

洛美还是用心准备饭菜，不停地变换菜的样式，但许可，仿佛没有了胃口。每次，他都是胡乱地吃几口，更多时，他皱着眉酗酒，很凶很凶。有时喝醉了酒，他就大笑，然后倒在地上，大哭。

许可渐渐瘦了，他的眼神变得迷离，不再是她于7月的地铁中遇到的那个男子。这样痛苦的生活，洛美感觉很茫然。这段爱情，她不知何去何从。

第一次坠入爱河的洛美，被爱情深深折磨。洛美瘦了，她神情恍惚，目光呆滞。仿佛，她的许可，随时都可能从她的身边消失，再也不会回来。

五

洛美是在梦中惊醒的，她出了一身的冷汗。醒来时，她呼唤着许可的名字。拉了灯，不见了她的许可。洛美哭了，急急下了床去寻许可。寒冷的夜晚，她只穿了许可最喜欢的那件睡衣，下了楼，在寒风中呼唤和等待她的许可。她想，也许，许可出去买烟了，买酒了，买她喜欢吃的东西了……

终于，她的许可没有出现。

她哭红了眼睛，两只腿失去了知觉，她已经不知道寒冷了。

几天后，洛美收到了许可的特快专递。她打开，是许可写给她的信，她能看出，许可在写信时，是流了泪的。要不，怎会有斑斑点点的东西打湿了信笺？

Darling：

请原谅我的失踪吧。这么多天来，我时刻生活在痛苦的煎熬中。遇见你，是我今生最大的幸福。感谢上帝，感谢上帝把你恩赐给我，带给我这么多快乐的时光和甜蜜的回忆……

我不想伤害你。我曾想，我有能力解决香港的一切，然后娶你。可是，我错了，我无力摆脱家庭的束缚！亲爱的桑，当我在孤独的夜晚轻轻呼唤你的名字，你可知道，我的心，是在泣血！

……

洛美终于明白，许可回了香港。回去准备他的婚礼，只是，新娘不是她。

洛美哭了，一种绝望一种悲凉瞬间袭击了她。她踉跄着奔下楼，外面的雪纷纷扬扬。她茫然走在雪中，没有眼泪。

原来，遇上一个人，爱上一个人，却不能拥有他，是多么的无奈和悲凉。

心灵感悟

"他要结婚了，但新娘不是我……"哪一种结局比这更凄凄惨惨的？

许多的事情，总是在经历过以后才会懂得。一如感情，痛过了，才会懂得如何保护自己；傻过了，才会懂得适时的坚持与放弃，在得到与失去中我们慢慢地认识自己。其实，生活并不需要这么些无谓的执著，没有什么就真的不能割舍。

第四篇

[原来结束是另一种开始]

　　传说，每一对恋人流下的幸福的眼泪都会蒸发到天空变成美丽的彩虹。如果一对男女能在彩虹下相识、相爱，那他们将能幸福地牵手走完这段人生。

　　有一种感情，似爱又非爱，它有着彩虹般的美丽，也同样像彩虹一样转瞬即逝。

　　这种感情不浓烈，却依然散发着淡淡的香气。

十年

　　他默默地爱了她10年。

　　从9岁到19岁。小学，初中，高中。同桌，同班，同校。别人都知道他们是好朋友，她也这么想，因为她可以和很多优秀的男生哥们儿似的做好朋友。但他从9岁就爱上了这个女孩，尽管那个时候他还不知道什么是爱。那时的她马尾辫、白裙子，笑容清新灿烂，手臂上是三道杠。他和这个被人宠爱的女孩子打闹，吵架，画三八线，但她从来不哭，和别的女孩子不一样。他讨厌那些动不动就拿眼泪来吓唬男生的女孩子。他和她比赛学习成绩，但他发现自己永远比不过她，尽管他已经很棒真的很棒了，但他知道有一个女孩儿永远都会比他棒。

　　小学的事情他都记得。记得，应该是对自己来说重要却已逝去的东西的唯一纪念，现在他依然这样想。但他鼓足勇气向她说起那些在一起的时光的时候，她却笑着说，她不记得了，然后他沉默。

　　初中的时候他和她幸运的分到了一个班，但他在前排，她在后排，她是和很多男生可以做哥们儿的女孩儿，而他沉默，敏感。课间他回头，装作毫不在意地看她，她都是和身边的男生说笑，看到他时是快乐地挥手冲他笑，他总是失落，他想在那个笑里找到她与其他男孩说笑时不同的笑的滋味，但找不到，她总是一样的快乐。

　　她对他总是很好，但是和对待其他朋友一样的好，而他不甘愿而又不甘心舍弃。他舍不得她，所以他总是闭上眼睛，想她的身边只有他一个人。

　　一起走进了重点中学，重点对他们来说都是轻而易举的，而分到一个班的概率只有二十分之一，他没有这么大的幸运，其实他甘愿在一个班里看到她和别的男生说说笑笑的，至少可以每天在一起，也许不在一起会好，会慢慢遗忘，但他知道可能。

　　他总是创造机会遇到她，然后说好久不见。她会拍着他的肩膀笑着说，是啊，真的好久不见，你应该不错吧？他说，是啊，挺好。她说，那我就放心了。没心没肺的样子，他的心会很疼，在那样的相遇中。但他笑。她

100

每天的笑容都明媚，她快乐所以我快乐，他对自己说。

　　他还是看到她挽着一个帅气的男孩儿的手在校园里走。那天下着好大的雪，整个世界就要淹没在一片银白里，他像那场大雪一样，盲目而绝望。他躺在学校后面的操场上，想把自己掩埋在雪地里，就此消失，但在夜里十点的时候，他还是按时回家了，他一向是不让爸妈担心的好孩子。他患了很重的感冒，一个星期都没有上学。多年之后，他依然记得那天她的美丽，头发长长的在雪花中飞扬，笑容像阳光一样，照得那个冬天很温暖，但那种温暖不属于他，那个冬天是他度过的最冷的冬天。那一年，他们17岁。

　　后来，他知道那个男孩离开了她，他知道她一定很伤心，但在她的脸上他找不到答案，她仍然在面对他的时候笑，似乎笑容更加坚定，但他分明从里面看到了落寞。她是不哭的女孩，无论是开心还是不开心的时候，她都会笑，她的笑是所有朋友的安慰，是他们的力量。他多想帮她擦眼泪，多想让她靠在自己肩头，直到肩头湿热，但她不会。他心疼，但他不说。

　　他不敢太靠近她，因为他知道她不乏朋友安慰，他不知道自己在她心里的位置，他没底。一直是在她面前不自信的男孩，但她是他认定的事，他的愿望只是他们快快长大，那些未来的日子，甜美而紧迫，紧迫到他一个人要承担不了。

　　一切都会以自己的方式结尾，风一样呼啦啦的青涩年华也是。他们终于要分开了，去别的城市念大学，他们没有走到一所学校，也不是同一座城市。他不再刻意，有些事情终会过去，他想对一段时光说再见，他去武汉，她去北京，她实现了一直以来的愿望，他知道，但他选择了炎热的武汉。

　　那天，他约她出来，依然是以前的说说笑笑，他早已习惯，不再苛求。她说，武汉的小吃很出名的，你这么瘦，早该补补了，寒假回来，别胖得让我认不出来啊。他没有笑，看着她，她微笑，看着别处。他说，北京是你多年的愿望，我知道，一个人在那边注意身体，好好照顾自己。她依然微笑，点头，然后眼泪流下来。他第一次看到她的眼泪，在路灯下晶莹剔透，大颗大颗地往下掉，但她还是微笑的表情。他看到她的泪，不知所措，原来不爱哭的女孩的眼泪更让人心疼。他用牙咬嘴唇，看着她。

　　她扑过来，抱住他的腰，眼泪不停地流。那一瞬间，把10年的记忆冲撞得破碎而斑斓，他的眼泪也流下来。他紧紧抱着她，以后不开心的时候不要哭了好不好，我会很心疼的，他说，她不说话，只是哭。

每个人的眼泪也许是平衡的吧。10岁的时候没有流的，20岁的时候会。痛苦的时候没有流的，感动的时候会，没有流到外面的，都在心里了。

他帮她擦眼泪，他的肩头变得湿热。我……有话给你说。他的目光穿越单薄的空气与她的目光对视。别……对不起，我……只是忽然心里难过，我……她语无伦次，依然微笑的表情。

你是我……最好的朋友。他坚持说。

我明白。她紧紧握着他的手。

天空的星星如碎钻石般铺陈闪烁。他抬头看天，不想让她看到他的泪。

他拿出准备的礼物，自己刻录的CD，陈奕迅的《十年》，一遍又一遍。封面上是大片开满野花的茂盛荒草，翠绿而繁茂。10年的时间如同穿越草地的风，把草吹得摇摇晃晃，但也让人听到了更清晰的风声。

上面写：我们不小心爱上的东西其实都已经过去了，今后我们还会有不小心的事情……

心灵感悟

<u>再美的颜色也经不住风吹日晒，终要退色；再浓的感情也经不起岁月的冲刷，终究要平淡。在现实中，也许你认为爱是浪漫的，经过多久岁月的冲刷，它也有痕迹可见。</u>

<u>青涩的爱情，也许爱很浪漫，情也很真实，可是一旦被我们所触及，它就像海市蜃楼般来得也奇，去得也快，留下的不是平静的海面和柔软的沙滩，而是伤痕累累的灵魂。</u>

爱和我们人生中的机遇一样，你如果不去争取，它就会与你擦肩而过。面对爱情，你如果没有表达爱意的勇气，总是在等待中，有一天你会发现"我们不小心爱上的东西其实都已经过去了"。

走过菩提树

第一次见到菩提树，是在一首极美的诗里。并不太懂这首诗，但从此就莫名地认为菩提树必是一种很美很高大的树，甚至就暗暗地开始盼望着拥有。

于是，有一天的黄昏，当我坐在画室里时，突然觉得我看到了我的菩提树。我的老师正坐在我的前面替我改画，他略弯着腰在我的画布上涂抹着。我刚好能够看见那只握笔的手灵活而有力，每一笔都让我惊叹它的恰到好处。他还耐心地给我解释着什么，而我只是看着那只手，像欣赏音乐般听他口中吐出的每一个字，却并不明白他的意思。我常常认为这样的黄昏是我一生中最美的黄昏。

像这间画室里其他十七个同学一样，我崇拜我的老师，崇拜得五体投地。我甚至认为他来教我们真是大材小用，而我又真心实意地盼望他能永远永远这样教我。他说过我是他最有才气的学生，所以当他背着手在十八个同学之间走动时，多半会在我身后停留，我甚至为此悄悄兴奋过，做过许多云一样又美又迷茫的梦。我全心全意地欣赏我的老师，小到他衣袖上的一枚木纹扣子。

于是乎，每天下课后，当他背起画夹送我到车站，看着我上车，然后关切地嘱咐什么，我的心里便会漾起一种奇异的感情。独自一人走在回家的路上，我不再感到孤单，总觉得还是和他一起走在通向车站的小路上，路旁仍是高大的渗透着夕阳的梧桐，似乎微微抬起头就能看见他的眼睛，似乎他的每一句话依然回荡在耳边。17岁太美太美的情感，美得我甚至无法用心一一装载，而让它流露在我的脸颊上，刻下绯红的印记。

我把每一张他替我改过的画，都当做菩提树的叶子来珍藏，总觉得这是对每一份夕阳的纪念。每日的清晨，我精心计算时间就是为了和他同时到达，然后极其自然地走到他的身边，和他一起穿过校园的小路，极其自然地和他说着话，极其轻松地笑着。每当这时，我总是稍稍侧过脸偷偷地望他一眼，欣赏他晨曦下的侧影。和他一起走完这段路是我一天中最快乐的事情，这种快乐的心情一直延续到我走出黄昏中的画室。每天，我都陶醉于这样的清晨与黄昏。我那梦一样的心，甚至埋怨校园里的小路太短太短。

我开始爱读诗了，总觉得每句诗都是为我而作的；渐渐地，我不再专心读诗了，因为我发现他也常常出现在图书馆里。我坐在座位上从书橱的玻璃门偷看他的影子，四周是那么的安静，我似乎能听见我的心跳，又似乎能感觉到他的心跳。就这样坐着，手里捧着本诗集多少个小时没有翻过一页……有一次，他突然抬起头，看着满脸傻气的我，眼睛里射出一种探究、疑惑的神情。我的诗集落到了地上，等我捡起时，他已大步走出了图书馆。

诗集当然没有读完，我也走了，带着隐隐的悔意。从前，总是用一种轻描淡写的态度掩饰我对他所怀有的那种情愫，即使每天早晨预谋的相遇。可是今天，我竟来不及收回那股热切与兴奋，他肯定明白了，我想。

接下来的几个早晨我都没有见过他，他临时去协助办一个画展。这种工作本来很辛苦，可他却执意要去，我明白，他是在躲避我。那条穿过校园的路独自一个人走竟显得那么长，那么苦，使我涌起一种凄楚的感觉。不久，画室里又来了一位女老师。

世界上有一种人，他会让你第一次见到他就从心底里喜爱，却没有太详细的理由。这位女老师就是这样一种人。她的帆布工作服上经常点缀着几抹颜料，没有装模作样的怪异，也没有庸俗的拘谨。她对着画布沉默时，让人不敢打破那份属于她的宁静；谈笑之间，你又无法抗拒她的吸引力。在她的面前我第一次感到自己气质的纤弱，也第一次感到自己的幼稚浅薄。她对我总是很亲切，她总会想尽办法为我买到缺货已久的炭条，轻轻地放在我手中。她这种默默的关怀与诚挚的鼓励都让我又想到离去的他。黄昏的时候，我还是顺着小路去车站，送我的是她。上车的时候，她也会对我招招手，微笑着站在夕阳里……我总觉得她太像他了，一样的才华横溢，一样的真诚热情，一样的让我崇拜喜爱。

半个月过去了，我的老师就要回来了，而她也要走了，一时之间，我竟然很难判断时间对于我来说究竟是太慢还是太快。那天，她最后一次送我去车站，我告诉她："我多希望今后能活得像你一样美好。"她却真诚地说："不，你就是你，我倒希望你有一个属于你自己的位置。"注视着她深沉却又坦诚的眸子，我突然有种冲动，想告诉她所有的一切，接受她的指点。可是车来了，我上了车。

虽然一切不由我做主，但我还是忍不住问自己："你到底更希望他们俩谁留下来呢？"我发现我竟然无法作答。这说明他俩在我的心里已经取得了平等的地位。再想到他的时候，我也不再心慌意乱了。我明白，我正一步步走出误区。

　　他回来了，依旧那样谈吐从容，温和而有风度。我却从他那回避我的眼光中感到了他对我的故意冷淡和疏远。

　　终于有一天，他递给我一张通知，我在那个月中画的《我的树》在省里获了大奖。我把通知单夹进了一本书里，只愿这消息能让他高兴高兴。"你是我最有才气的学生。"还是这样的一句话，眼光却投向别处，我抬起头瞥了他一眼："谢谢您，老师。"就拿起画夹要走，他却拉住画夹，恳切地说："我跟你一道走。"

　　依旧是那样的黄昏，依旧是那样的梧桐，依旧是那样的脚步声，我低着头看地上古朴而有味的青砖，老师则用一种低沉而又回肠荡气的语调谈起他的妻子。我的心里恍然明白了所有，她的形象迅速勾勒了出来，这就是原因，这就是为什么他们俩会在我的心里形成那样一种奇异重影的原因了——一种深深的内疚油然而生。我想到了书上对菩提的解释：菩提，佛教名词，用以指豁然开悟，如人睡醒、如日开朗的彻悟境界。我不禁笑了，我庆幸自己终于走过了菩提树，让那段美好而傻傻的日子潇洒地留在了身后……

　　车站到了，我从他的手里接过画夹，直视着他的眼睛说："谢谢你，老师！"

　　我上车了，他在下面冲我招招手。车开的一瞬间，我看见一棵树在窗前飞过，阵阵风从车窗外扑面而来，视野的远处，许多树在风中摇曳。我知道，在我的道路上会有很多树，也肯定会有一棵值得我驻足留恋；但是，当青春年少之时，我唯一应该做的，却是等待长大。

心灵感悟

　　在那些色彩斑斓的日子里，我们谁没做过几件傻傻的事呢？那曾经轻轻荡漾于心头的欢喜和忧伤，都因为一颗纤细的心萌发了一种不该萌发的情绪。少女的心像一个蓝色的水晶，晶莹剔透，像是一汪清澈明净的纯水，又像是驻留心底的那一汪清泉，化作泪，汩汩流淌。那曾经的眷恋啊，在师长的苦心安排下，终于随风而逝，于是，开始明白，她的欢喜，她的忧伤，只因为她爱上了自己的多情。

第四篇 ◆ 原来结束是另一种开始

牵挂

  我不得不承认，我的确是一个两意三心的人，却怎么把你爱到了心里去。每次想起你，无人的时候，泪流在脸上；有人的时候，泪流在心里。然而，心都是一样在细细地痛。你是不是在我的心头悄悄绑了一根线，让我如此牵挂，以至于你的一颦一笑都会牵痛我的心。

  其实我很在意自己在你心里占了多少位置。我和你说，你是我最爱的妹妹；你也和我说，我是你最爱的哥哥；你和我同样都说，彼此很想念对方……

  曾经有人这么跟我解释一个字，把妹字拆开来就是女未，试着倒过来读。哦，对啦，未女，未来的女人啊。所以当年我就默许了你叫我哥哥，那么我就可以名正言顺地给你一份来自于我的关怀与疼爱。

  我在想，我们能够实现我们的约定吗？一起去旅游……即使实现去旅行一个地方，那其他的地方呢？游全国，游欧洲，游遍世界上每一处美丽的地方，可以吗？毕竟我不是你亲哥哥啊，是亲哥哥又能怎样？你终有一天要嫁人的。想到这里，我再不敢往下想了。

  隐约得知你对他的感情已经毫无力气。我自私的感到一丝高兴。高兴这个男人再不会给你的心灵带来伤害，其余的高兴是莫名的。用到隐约一词，我感觉有些自嘲。不是说自己是最关心你的人么，怎么连你的感情一点都不了解。我们认识这么久，基本上什么都聊，就是没有认真地聊过各自的感情。平时我都是装出一副漠不关心的样子，掩饰着我对你所流露出的感情。我想你不问我是因为以前你知道我喜欢你，说起来会尴尬。而我不问你却是因为怕自己会心伤。却又很想了解关于你的一切，所以我只能默默地听说别人对你的言论，关注你QQ上每一个资料改动，每一篇日志，每一条留言……每天总是观察着，我和你在一起的时候，你的每一个表情，认真听你讲的每一个字……用心去体会你，了解你，猜测你，并享受着和你在一起的每一刻时光，都是那么的美，能永远在你的身旁，那该有多好！

  可是亲爱的，现在我却不能知道你在做什么，是否和我一样正思念着你……

  当我一根根地数着镜子前不应该出现在这个年龄头上的白发，都是思愁惹的，我作了一首不晓得算不算是诗的诗：

那年行远去，涕表离乡愁。

心念故乡人，渐白少年头。

曾经是你拨动了我心中的那根弦，曾经是你让我如亲人般地关怀着，曾经是你令我喜怒哀乐……

曾经为你爱过，曾经为你迷惘过……曾经我以为释怀了，曾经我以为想的透彻了……

离开了以后，我活在了回忆里。对你，我无法抵抗思念，想你的时间多于一切。

无时无刻的惦念，证实了我心灵深处的那个你。

怀念着我们过去的故事，我对你的关怀得到了你的友情。

能使你感动，受你的想念，已经是我最大的幸福。

佛经云迷情最苦！

只是恋着你的，得不到你的倾心。几年来我默默的，在你的身边，静静地喜欢着。

如今，我的世界没有了你，连我的笑都显得如此寂寞。此刻，我倾心倾意地去爱着一个人。

那么，我还剩下思念，思念你的时候也不忘常常牵动嘴角两边向上的弧度，忍不住两眼的湿润，就那么深刻地爱着。

人生自是有情痴，此恨不关风与月。

有些事情是身不由己，有些事情是心不由己。

衣带渐宽终不悔，为伊消得人憔悴。

也随它吧，只愿此情可待！

走遍天涯共海湖，悲哀无过别离孤，

不知哪是栖身所，汩汩长途与短途。

心灵感悟

有些牵挂，悄然无息，却真实存在；有些牵挂，似有千言，却欲说无声；有些牵挂很想放下，但该怎么放下呢？

幸亏

在充满诱惑的城市里，找一个情人比找一个朋友容易得多，而维护一个干净清爽的友谊空间也远比维持一种似是而非的爱情困难得多。所以，我从不后悔。

通常我在大街上行走的时候，阿涛的电话就不期而至了，在北京寒冷的街头，他带着广东味儿的普通话陪伴我穿街走巷。我们闲闲地说着很平凡的话，大部分的句子都可以默契到省却主语或宾语，其间还夹杂着只有我们自己才明白的"切口"，这感觉，有点暧昧。与此同时，我们的心里都很清楚，隔着1900多公里，眼下这么熟悉亲切地和自己聊着小天儿的人，其实只是个朋友。朋友意味着没有爱情，没有性，没有罗曼史，有的只是简简单单的温暖。

那年我被公司外派到广州办事处工作。如果一个女人身在异乡，工作辛苦，没有亲人，那么她一定比较容易受到诱惑——从物质到精神再到身体。如果一个男人明白她，适时地关心她，又有那么点魅力，那等着他们的，多半是故事。

阿涛是我在异乡最早认识的一批人中的一个，聪明才智集于一身，又像所有"青年才俊"一样免不了沾点花心。和他聊天或者去唱卡拉OK都让人很愉快。心情好或者不好的时候，我习惯性地拨通他的手机，他是我在这个城市里唯一可以无所顾忌地去骚扰的人。他有时也会给我讲讲仕途凶险爱情无常，讲讲最近一次分手和最新的艳遇，那些话真实得有点丑陋，但听着舒服。因为我这个女人只是他的一个朋友。

那天晚上，我刚加完班。极度疲惫引发了剧烈的精神抑郁和思乡病。阿涛说我来接你吧。在见到阿涛的那一刻我不能自已地抱着他放声痛哭。深夜里，一个成年女人抱着一个成年男人哭，是多么危险的事！这时我们都感到故事离我们这样近，近到只差一点点勇气和冲动。

在与故事的发生仅仅咫尺之遥的时候，我们分开了，分不清是谁先放开谁。

很多天后，我们平心静气像开个普通玩笑似的提起这事，才发现原来对方和自己在那几秒钟内有着如此相同的感觉——很漫长，漫长到我们好像都问了自己无数次同一个问题：对面的那个人，我是继续和他（她）做朋友，还是把他（她）变成情人？说到这儿，我们都笑了，他问我："你后悔吗？"我说："不。"我问他："你呢？"他说："幸亏，幸亏……"

我想我们的确曾差点进入了一个爱情的程度，但在完成最后的确认时我们得到一个相同的答案：两个人之间存在的那种好东西叫友谊，既然叫友谊不叫爱情那就不能再往下做什么。

几个月后，我调回了设在家乡的总部，朋友开始俯拾皆是，我的空间一下子被老朋友新朋友涨得爆满。我遇到了研究生刚毕业留在大学教书的小柏，最初并不以为遇到了爱情。小柏没钱请我吃西餐，看一场《我是谁》需要吃一个星期的方便面。但是他会在我生病的时候耐心地陪我打几个小时的吊针。我在电话里对阿涛说有人在追我，但不是我喜欢的那种。阿涛却说如果一个人有500块肯给你500块，另一个人有500万只给你10万，你挑哪一个？

我和小柏开始谈恋爱，偶尔吵吵小架。阿涛的电话时常夹在我和小柏的中间挂过来，我一句句应和着，小柏在旁边做自己的事，并不过问这电话的来龙去脉。有些事情是没法解释的，所以，对小柏，我隐去了和阿涛交往的细节。

最近，我有机会出差回到从前客居过的城市，小柏去机场送我。临分手时，沉默了半天的小柏突然问我："你还会回来吗？"在那一瞬间我惊讶于小柏并非一无所知。我想了想，回答说："我们只是朋友。"小柏点点头，说："回来的时候，我会来接你。"

到广州的第一个晚上，我和阿涛一起在中国大酒店的咖啡厅里唱周华健的《朋友》"这些年，一个人，风也来，雨也走……朋友一生一起走，那种感觉不再有……"唱着唱着，我哭了。我知道，在我的生命里有两个男人，一个是我坦诚相见的朋友，一个是给我隐秘空间不来打扰我的爱人，这两个男人，都让我感动。

回北京的时候，小柏果然如约去机场接我。我和小柏依然谈着恋爱吵吵小架，我也依然当着小柏的面接阿涛的电话。

心灵感悟

暧昧的情感总是危险而美丽的，再往前一小步，不管它是不是爱情的开始，却一定是一段友情的完结，幸亏我们没有走进爱情，恰到好处的距离才让我们内心的友爱更加长久。

原来结束是另一种开始

万万没想到，我20岁生日竟会如此度过！我希望在这一天里听到峰真诚的祝福。哪怕是一封信，几句话都会安慰我许多天以来莫名的烦躁和忧郁。

等了好久的信始终不来，峰早就忘掉了我，忘掉了与他相恋三年的女友。也许，当初的相识就是一个错误。单纯的我，却幻想着用一封封真挚、纯情的信来牢牢地维系着彼此的恋情，而这半年中逐渐稀少的来信，早就在提醒我，是到结束的时候了。

茫然的，我走出校园。闷热的夏夜，冷饮店里倒是一片清凉世界。我挑了一张人少的桌子坐下来。装饰极为雅致的屋里流淌着优美的音乐，仔细一听，却是克莱德曼的"爱情故事"。此刻，在我心底掀起了各种滋味。许多以来抑制着的悲哀终于在这一刹那间汹涌而至。成串的泪珠纷然落下，我竟忍不住，伏在桌上抽泣起来，哭得伤心，哭得尽情。

不知过了多久，渐渐平静下来，泪眼朦胧中，看到对面伸出的一只手上握着一团勉强叠成块的手帕。下意识的，我接了过来，并用它在脸上胡乱擦了两下。这才抬起眼，向对面看去。好生动的一张脸！他的脸似乎是雕塑家随意用刀雕成，未经细心琢磨，因而全都是粗粗大大的，看上去阳刚气十足。而那双眼睛却是充满了善意和关切。见我也在看他，他微微一笑，露出一排整齐而洁白的牙齿，说道："不好意思，手帕有点脏。"他滑稽的神情终于逗我笑了出来。

"怎么回事？想家了还是和男朋友闹翻了？"他接着问我。

在他友好的注视下，我向他讲述了自己的故事。也幸亏有他这么好的一个听众，当我把心中的郁闷倾吐出去后，人顿时轻松起来。

"给你读首诗吧。如果你离去/我不再挽留/剩下的日子/还得向前走/如果你还回头/泪不必再流/以后的岁月/还得苦苦奋斗/如果已成陌路/好好道声珍重/风里雨里/一个人要好好地走"。这是当代一位女诗人的作品。人生中种种际遇，或悲或喜、或聚或离，不过曲径通幽。也许有风雨、坎坷乃至四面楚歌，山穷水尽，殊不知，那不可知的缘，正十面埋伏，破茧而出，转眼便是柳暗花明。所以，你千万别悲观，忧愁容易加快人的衰老，瞧你，把眼睛都哭肿了，多难看。你一席亦庄亦谐、亦深奥亦风趣的话，说得我对他直瞪眼，心中充满了感激。

当得知他说读于美院时，喜欢绘画的我，便翻出积存的许多问题来请教他。这样谈着，不觉得到了冷饮店打烊的时候。他送我到宿舍楼下，终于开口问我："我们都认识这么久了，总该告诉我你的名字吧。"

"韩君"这一次，我一反常态，毫不矜持地告诉了他。"这个名字不适合你，听起来像个男孩子。"你沉吟了一会儿，"我以后就叫你可儿吧，怎么样，可儿？"我的脸一热，迅速地道声再见钻回楼门。

以后，还有以后吗？我刚才根本就没有告诉他我的寝室号码，而我也只知道他的名字是卓。

第二天，我便去理了个行事短短的男孩头。同学见了我都大声惊讶，奇怪我怎么舍得留了几年的长发。我微笑不答，我想让我的生活重新开始，从"头"开始。接下不几天，我的心情仿佛真的走到了阳光地带，心中的阴影逐渐消失。

那天中午，吃过午饭，正准备休息。突然听到楼底下有人大呼两声"可儿，可儿"。已经躺下的倩。呼的一声用毛巾被蒙住头，嘀咕起来："神经病，找女朋友不上楼来，非要把全楼的人都吵醒了才甘心。"我也颇有同感的和了一声。接着，便傻了一般的呆住了，他是在叫"可儿"，没错，是他吗？他是在叫我吗？两步蹿到窗前，探头向外看，果然没错是高高大大的卓，正在楼前徘徊不定。

我迅速地奔下楼，笑吟吟地站在他面前。卓大睁着双眼从头到脚地审视我一番，然后将目光停在我短短的头发上。"可儿，你真的是可儿？不会是冒名顶替的吧。真难看，怎么忍心这样糟蹋自己的形象？你没有想不

第四篇 ◆ 原来结束是另一种开始

开吧？"随手还揉了一下我的头发。

我打掉卓的手，故作恼怒道："你怎么这么没风度，我即使是你妹妹，你也该给我留点面子嘛。"

以后每每见面，他总笑我头发短得奇怪，口哨吹得走调，我都一笑置之。自从认识了他，我的生活变得生动而明朗起来。

卓对一切娱乐和体育活动都堪称精通。玩得开心处，便会像孩子似的开心地笑，显得毫无城府，一片天籁。他带着我四处旅行，骑车、徒步、开摩托。我也常旷掉枯燥的课，背了小画夹和他去郊外写生。画到尽兴外，他总不忘转头对我的画加以指点，并且还要感叹一句："你没选择美术专业真是明智的，你丰富的想象力在绘画方面一点也发挥不出来。"几句话说得我兴趣骤减，于是干脆扔了画稿，坐在他身边专心看他作画。

当我的生活发生了翻天覆地地变化，每天玩得不亦乐乎时，同屋的几个女孩开玩笑地对我说："有这么杰出的男朋友，可得看牢哦。"我听得怔住了，连连摆手否认他是我的男朋友。人不能两次犯同样的错误，好不容易从感情这座苦涩的围城中逃出来，我怎会再次撞进去！

直到那个周末的晚上，从影院出来卓一反常态，显得异常的沉默，几次欲言又止。我也似乎预感到什么，心跳不由加快了。终于他先停下来，一只手握着我的肩，用急促的声音对我说："我喜欢你的自然、纯真，和你在一起，我感到非常开心。我找你已经很久了。"

我惶恐地避开他的目光，"不"字轻易地脱口而出。害怕他再对我说些什么，我逃一般地转身离去。

我知道，我伤害了一颗自信、高傲的心，我的连自己也解释不清的答复将他从我身边推开了，虽然才一星期不见，却感觉像过去了一年。我真的后悔了，后悔自己那晚莫名其妙的坚定。

就在我犹豫是否要主动找他时，卓打来了电话，约我去他的寝室，说有东西要给我看。

一个多星期不见，我和卓生分了许多，躲躲闪闪的目光取代我以往率真、欢畅的笑语。卓从床上拿起一块画板，摆在我面前，默默地揭掉蒙在上面的一块盖布。呈现在我的面前的是一幅女子的肖像：她坐在长满了青草和野花的山坡上，着一袭白裙，清爽的风掀起她飘柔的黑发，那一脉清澈的眼神和纯美的微笑竟与那山坡、那湛蓝的天空融为一体，使观者如沐春风，心地透明。待看到那画布一角的题字时，心中的疑惑得到了证实，卓画的果然是我！我深深地被感动了。

"早就画好了，本来想作为生日礼物补送给你，我身边只要有你就行了，不过你并不愿意这样。人生没有不散的宴席，总有一天你我会天各一方的，我只希望你能把她留给我，留给我一份美丽的回忆，可以吗？"

我的眼中刹那蒙了层泪雾，我知道，这是我最后的机会了。我还等什么？我怎能再次伤害他而把自己也推入深渊！

凝视着卓期待的目光，我伸手指向画中的女孩，粲然一笑，对他说："难道，你不觉得我比她可爱得多吗？你竟想用她来取代我……"没等我说完，早就被卓紧紧地揽在怀里。

我想，缘分是部连续上演的传奇剧，只要拉紧纤绳，那飘零无定的小船，便会永远地停泊在心中的港湾。

心灵感悟

<u>为逝去的爱情悲伤，却没想到，一段新的恋情扑面而来。原来，一场失败恋情的结束正是一场全新恋情的开始。唯有好好珍惜，好好把握，爱才能重归你心。</u>

世凡，我爱你

家里的垃圾都是我去倒。那个垃圾箱在居民区西头，砌着很高很陡的楼梯，老人去是不太合适的。紧挨着它的，是一排老式的二层楼房。有一次，经过那幢楼的一扇窗前，因为天刚黑，里头亮灯了。我只是偶一扭头，看见一个人正急急地在窗台前关窗。不知为什么，我对那个窗口起了一种莫名的关注。有时走过那扇窗我就笑自己，又不是中学生了，还如此敏感多幻想。

很快夏天就来了，每天都有没完没了的西瓜皮。我用塑料袋一兜，就往西头去了。有次经过那个窗前，看见一个赤膊的男孩儿正在擦窗。他的

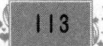

体形真的很特别，一块一块的肌肉很结实很美。我感觉他也许是看见我了，我忙低下头走了。从那个高而陡的楼梯上下来时，有个男孩正缓缓朝上走，我只是瞥了他一眼，心就噔噔跳起来。我肯定是他。他还光着上身，在暮色中朝上打量着我。快到一起时，他停下尽量往边上移，让我顺利走下去，因为楼梯上尽是垃圾，两边也没有扶手，是悬空的。我有些心慌，下的时候不知踩着了什么，脚一歪，我不想失态，可还是"呀"的叫了一声。正好一双手很迅速地抓住我的胳膊，否则，我真的会一头栽下去了。

我扭头去谢他，心里慌乱成一团。我觉得这事儿像假的一样。他松开手，喏嚅着说，不用谢，小心点就是了。

以后我经过那儿，只要他在，他会笑着向我打招呼。有次他在外头晾衣服，我就站下跟他说说话。我能这么大方，自己也有点吃惊。我说，你真勤劳，我有个哥哥，他从来不会洗这么多衣裳。他笑着说，有你嘛，他当然享福了。我说，一样的，你不是有妈妈？他垂下眼帘，说，她呀……就没再说下去，只是突然问，你在哪儿上学？我一愣，笑了，解释说，我工作了。他说，不会吧？我说，真的，我是教师。你呢？他说，我在鸿大房地产。我惊异地说，那你还住这儿？他挤挤眼说，我说你小，你就是小，破屋不可貌相的。

以后，聊多了，我知道他曾经帮一个好友筹款出国留学，我也终于知道了他的名字——陆世凡。每天我在心里默默地念这个名字。学校放假了，我第一次感到白昼的漫长。除了迎接每一个黄昏，我不知道自己还愿意做点什么。

有很多次，我高高兴兴地路过那儿，却没有再见到他。我从父母那儿听说，三分厂的陆工有个儿子，最近得癌症住进了人民医院。我说，那位陆工住哪儿？他们说，西头小一幢。我惊愕极了。

傍晚，我故意在那儿徘徊了很久。那间屋子黑着，一直那么黑着。我鼓足了勇气去敲门。我想，他也许是睡了。邻居出来说，你找谁？我说，找陆世凡。他说，你不知道他住院了吗？你去四区二十八号找他，噢，是人民医院。

我恍恍惚惚地走出来，想起他打赤膊的情景，想起他看着我的眼神儿。我真想立即飞到医院去看望他。可是，我去算什么？他连我的名字还不知道，他的父母又怎样想？我苦苦斗争了一夜，一早起来，还是出去了。我买了一束鲜花，我不能失去一个人。他的存在，才是切切实实的，其他的一切，面子、胆怯、羞涩等，那都是假的。跨一步我就可以战胜，而一旦与他失之交臂，我会再找不到了。

我一路硬着头皮到医院，二十八号是一个小间，里面只有两张病床，并且配有空调。我悄悄移进房间，迎面床上一个人正在输氧，几位家属坐在旁边。我看见了那双眼睛，吓了一跳。他躺在床上，身上覆了一条雪白的被单。他一动不动望着我。眼睛黑黑的，有惊讶，有喜悦，有感动……我转过身，脸不合时宜地红了。他久起身说，呀，是你，真没想到。

床那边坐着一位老人，也许是他父亲。他站起来说，哟，这是怎么称呼呀，快坐吧。我低下头，笑着说，陆世凡，送你一束花，祝你早日康复。他说，呀，连瓶子也没有，拿冷水杯吧。我拿了冷水杯去打水，回来时，他爸爸出去了。我坐下，一时不知该说什么。他轻轻说，多不好意思，应该男孩儿给女孩儿送花的。我说，别这么说。泪水慢慢浸入双眼，我不敢看他。

沉默了一会儿，他说，谢谢你来看我。你怎么找来的？我就一一告诉他。我讲到那些顾虑的时候，不由望他一眼，他正在深深地看着我。我的防线就垮了，泪水仿佛越堤的洪水，一泻而下。他忽然用被单掩住眼睛，说，你看。你不该来这儿。你这样做为什么呢，大家萍水相逢的，不值得为你带来苦恼。你走吧，来这儿对你毫无意义。我被这番话说了，一时无言以对，束手无策。我想掀开他掩住眼睛的被单质问他，我来这儿真的毫无意义吗？邻床这时忽然一阵骚动，医生和护士拥进来。我不得不站起来，把椅子朝前挪。惊惧的哭泣声，脚步杂沓的声音使我感到恐怖。陆世凡拿下被单。他望着他们，眼中悄然飘入一层忧郁。他真的已经是个病人，我也知道他为什么赶我走了。

告辞出来，我的心情坏透了。走在空荡荡的街上，太阳像要把一切烧成灰烬。四周茫然无边。泪水一次次涌上心头，我一次次把它们咽回去，我对自己说，我要救他。

过了几天，我忍不住又去看他。这次我装作不经意的样子，挎着皮包。我轻轻走进病房，谢天谢地，对面那个病人还在。陆世凡坐在床上看一本书。我那束花已经枯萎，他把它们扎成了一捆，放在枕边。他抬起头，看见是我，愣住了。我在那眼神里打捞着种种的感情，悲与喜均湿淋淋地从他眼睛中流露出来。

我说，我路过，来看看你。他说，坐吧，今天很热，你出来做什么？我说，放假嘛，出来玩儿。他放下手中的书，望着我说，我那天话重了，向你道歉，别记恨我。我说，我怎么会呢。这次，我知道他只有父亲一个亲人了，他也知道了我的名字，我们很愉快。凭感觉，我知道他不会再阻止我去看他。他心里很痛苦。

以后我每天去医院。我常常带鲜花去，还为他买了一只蓝色的花瓶。只要我去，他父亲就解脱了，可以回家休息休息。

有一天我去，从病房里哭着出来一拨人。医生推着一张病床出来，那上面静静躺着一个人。他从头到脚蒙上了雪白的单子。我耳边"嗡"的一声。世凡！世凡！我大叫着他的名字，冲到门里一看，谢谢上帝，他还在那儿。他抬着亮晶晶的眼睛看我。我跑到床边，泪水弥漫了双眼。他抓起我的手亲吻着，浑身颤抖。我听见自己的心在碎裂。我说，世凡，你要好好活下去。他摇着头说，没用的，我也无非在苟延残喘，浪费钱，浪费你和爸爸的精力。我叫你走的，你不听，我会恨自己的！我挣开手抱住他的头说，别这样，我要你活下去，我不愿意失去你，你明白吗！他的情绪很久才安定下来，他抱住我的腰，好像怕我跑了似的，久久不松开。

化疗不久，世凡开始落发。他的头发很密，很黑，很自然地微微卷着。他每天在枕头上拾头发，一根一根地数。有一天他在头边上瞥见一片黑黑的颜色，惊恐地叫着坐起来。我刚赶到那儿，冲到里面，自己也吓了一跳。我和陆工哄他，像哄孩子一样。他好几天不肯见我，用被单蒙起头。他已经永远失去那头黑发了。

他常常会头痛，呕吐，走廊里有时会响起他精疲力竭的呻吟。他彻夜不眠，脸部浮肿。我悄悄地哭，却帮不了他。陆工也不忍看世凡这样下去，他找我商量，决定同意冒险让世凡去动手术。他同脑科专家谈过，并同上上下下的医生护士打好招呼。这是唯一的出路了。我支持了他，世凡自己也很希望手术成功。

动手术那天，我把几年前为自己买的那个小弥勒玉坠挂在世凡胸前。

送他到手术室门口，我悄悄说，我们等你回来。他望着我，突然脸红红地说，来，你来。我把脸凑上去，他很轻很轻地说，我爱你。他还就势吻了我的嘴唇。他的眼睛闪烁着一种奇异的光彩，令人心动，令人心碎。

我的眼泪在喉咙汹涌，一句话也说不出来。我是多么无用啊，世凡，我有好多好多话，可是，我却无法说了。你说了你最想说的话，做了你最想做得事。我得到了我今生第一个吻，也是你给我的最后一个吻。你说你爱我，我们也一同在命运面前挣扎过。我却终究不能留住你，你父亲飞快地老了很多。他也不能留住你！

亲爱的世凡没有再回到我身边来。那个短暂的夏日，在初恋的甜蜜中，在反抗的痛苦中悄然逝去。世凡戴过的玉坠我再没戴过。我把它收藏在一只我很喜欢的音乐盒里，世凡还活在我心中。他追求他的幸福，并且办到了。我也是这么一个人。我会继续追求我的幸福。有时走路好觉得树前有他的影子在微笑，觉得那是他的鼓励与祝福。他说过的，他会永远爱我。

心灵感悟

爱情好像是美丽的红豆煮成最平凡无奇的汤。两个人你一口我一口，亦苦亦甜……最底层的味道都像是最清冽的山泉，很淡很淡，回味起来又横生一种奇妙的甘甜。有人给这种味道起了一个很美的名字——执子之手，与子偕老，虽然这也许是一种无法实现的梦。

被鲜血染红的纸鹤

"阿凯，等等我。"

"快点啦，天都黑了，看一会儿到家你妈怎么收拾你。"

"我怎么了？这不挺好的，又没犯错误。"

"呵呵……还说呢，看你弄的像只小花猫，长大了看谁敢娶你。"

"嗯……没人要，那你要，你要。"

"好！我要，我要，我养你一辈子。"

阿凯和小玉两个人从小就是天造地设的一对。他们俩小无猜，青梅竹马。阿凯比小玉大两岁。在阿凯6岁时，小玉就如同阿凯的尾巴一样，整日紧紧跟着阿凯，形影不离。

因为小玉那时候是村子里长的最丑最矮最黑的小姑娘。许多同村小朋友都不愿和她玩，还有的小朋友欺负她。阿凯第一次见到小玉就是小玉被欺负的时候。阿凯急忙上去轰走了那些调皮的孩子，才使小玉逃过一劫。从那以后，每当小玉受欺负，阿凯总能在第一时间出现替小玉解围，仿佛他们有心灵感应似的。每次阿凯轰走那些小孩时，回头总能看见小玉一边往回吸着鼻涕，一边用脏兮兮的小手去挠头还时不时"咯咯"地笑。阿凯一次次的挺身而出，在小玉幼小的心灵里竟萌发处"长大嫁人一定要嫁给阿凯这样的人"的想法。而阿凯帮助小玉仅仅使因为他觉得小玉可怜，直到阿凯12岁的时候，他知道了这不仅仅是对小玉的怜悯，而是……

就在阿凯14岁那年，小玉全家要搬走了。因为小玉的爸爸升官了，在城里买了房子，把小玉和他妈妈也一并接去，去过幸福快乐的生活。

在临走的前一天，阿凯和小玉肩并肩地走在村里的小石桥上。阿凯低着头轻声对小玉说："小玉，到了城里，开始了新生活，忘掉这里一切的不愉快吧！"

小玉却说："不，我不会忘记的。不会忘记你帮助我的那段时光。"

阿凯笑了，说："那你以后别再弄的像小花猫一样了，小心长大没人要你。"

小玉朝阿凯做了个鬼脸："没人要我有你，你要，你要。"

阿凯笑的更甜了："好，我要，我要。"

说完，两个人都沉默了，想着即将分离的景象，他们就很伤心。

第二天，天气格外的冷，小玉的爸爸、妈妈把家里所有的家具都搬上了车，他们忙忙碌碌，进进出出的，只有小玉，她一个人呆呆地站在家门口，向远处望去，似乎在等待谁的到来。

东西都收拾好了，可小玉等的人还没出现。小玉的爸爸、妈妈不断地催促他上车，可小玉仍然固执地等着。太阳快下山了，小玉的爸爸、妈妈硬生生地把小玉拉上了车。

就在车开动的一刹那，听见远处传来阿凯的声音，小玉急忙打开车门，跳了下去，只见阿凯从远处飞奔而来，他跑到小玉面前已是满头大汗。他气喘吁吁地对小玉说："在城里一定要过的幸福。"随后便把手里的一个玻璃瓶和一个旧旧的布娃娃放到小玉手上，说："瓶里的星星是我对你无数祝福。想我时就看以下布娃娃吧！"

原来阿凯为了送小玉礼物，在家里整整叠了一千颗小星星，代表他对小玉无限祝福，因此他才来晚了，而此时的小玉已经感动的泪流满面。

在爸爸、妈妈不断的催促下，小玉含着眼泪上了车，此时此刻的她是多么的恋恋不舍，她舍不得离开阿凯。车在乡间的小路上摇摇晃晃地行驶着。车里的小玉扑在妈妈怀里哭的像个泪人似的。而阿凯则在后面追着车，"小玉，小玉"地喊着，每一句都声嘶力竭，随着车速越来越快，阿凯也跑不动了，车外的喊声渐渐模糊了，但仍然可听见阿凯喊得最后一句："小玉，一定要在城里等着我。"这一声用尽了阿凯浑身的力气，他站在原地眼睁睁地看着载着小玉的车渐渐消失在夜幕当中。

时间流逝，阿凯与小玉已有六年没见面了。现在的阿凯已是英俊潇洒、风度翩翩的帅小伙子了。然而，在这六年当中，他经历了太多的风雨。在他16岁那年，父母进城赶集，在回来的路上因交通事故去世了。在接下来的日子里，阿凯一直与奶奶相依为命，家里生活极其艰苦。为此，上初中的阿凯要辍学，但在伯伯、叔叔的资助下，阿凯完成了学业，最后终因交不起学费而失去了上高中的机会。

在那段蹉跎岁月里，阿凯成熟了不少，他不仅会照顾自己，也把年迈的奶奶照顾的无微不至。阿凯的孝心是村子里妇孺皆知的。后来，因家里条件实在困难，阿凯去打工赚钱了，在每日每月的忙碌中，阿凯把印象中的小玉淡忘了。

而小玉的生活从搬进城那天就彻底改变了，家里经济好了，小玉也像城里其他女孩一样，学会打扮自己了。这时的小玉不再和小时候那般丑了。六年的时间，使她从一个丑小鸭变成了一只美丽的白天鹅。此时的小玉亭亭玉立。细如柳叶的眉毛，柔情似水的大眼睛，小巧的鼻子，樱桃般的小嘴，她的美丽吸引了许多男孩的目光。身边的男孩都希望得到小玉的芳心，他们对小玉的占有欲使他们蠢蠢欲动。可这对小玉来讲根本就是无聊，她对这些事不以为意，因为她的心早就在六年前给了那个交阿凯的男生了。

经过小玉自己不断努力，她考上了那个城市唯一的高中。终于阔别六年的他们又见面了。但他们的见面不是在课堂上，而是在学校新建教学楼的建筑工地上。这年阿凯20岁。小玉18岁。

那是新生入学的第一天，小玉早早地就来到学校报道了。

报完名，小玉就找到了新教师，她找到了一个靠窗的位置坐了下来。心里只想着一个人，那就是阿凯，要是阿凯也在这个学校就好了，他们可以朝夕相处。但六年的别离，现在阿凯怎样了还不知道呢！她心想只有听从命运安排啦。也许是上天被小玉的真情感动了。在小玉上学第二周，她见到阿凯了。因为学校扩建，正在盖新教学楼呢。

一天，一群建筑工人从学校大门进来，在进入操场的一刹那，站在窗口向外望的小玉立刻跑下了楼，原来小玉在那些人中一眼就认出了阿凯。她向阿凯工作的工地跑去。站在阿凯面前的小玉显得格外激动。

六年了，这是第一次见面，小玉内心非常紧张，同时她兴奋的都要大叫起来了。而阿凯却对面前这个美丽动人的女孩毫无印象，一直低着头干他的活。小玉开心地握住阿凯正在干活的双手说："阿凯，你不认识我了吗？六年没见了，我还以为再也见不到你了呢？"

阿凯面无表情，小玉脸上的笑容淡了，她拉着阿凯的衣角说："阿凯，你看我一眼啊，我是小玉。"阿凯还是没有理会她，但小玉这个女孩在阿凯脑海中又浮现出来了。小玉终于忍不住了，眼里噙满了泪水，站在工地上对这阿凯大叫："李凯，你看看我，我是林小玉。"

这一声吸引了工地上所有人的目光，他们都看的目瞪口呆。阿凯仿佛被一声唤醒了一样，看着泪流满面的小玉缓缓地说："小玉，先回去上课，放学我在大门口等你。"说完，头也不抬的又继续工作了。小玉听了阿凯的话，只好乖乖回去。课堂上小玉变的魂不守舍，她心里忐忑不安。她不知使什么让曾经对他温柔体贴的阿凯变得这般冷淡。小玉心里乱极了。

终于熬到了放学的时间，小玉飞快地向学校门口跑去。阿凯早等在那儿了，夕阳余晖下的阿凯显得更加帅气了，他棱角分明的脸上嵌着浓浓的眉毛，炯炯有神的眼睛再无以前的柔情，取而代之的是生活的沧桑，嘴上叼的那根香烟，使他更有男人的感觉了。这使小玉对眼前这个男孩有一种既熟悉又陌生的感觉。

那天傍晚，阿凯与小玉游走在城市街头，阿凯把这六年来的风风雨雨全部告诉了小玉。顿时小玉泣不成声。原来自己生活的比阿凯好无数倍。小玉明白了，她所有的心结全解开了。阿凯告诉小玉，他不能给她幸福，让他找一个比自己好的人，幸福一生。小玉却任性地说："别人都不要我了，那你要，你要。"

说完，小玉脸上露出两个迷人的酒窝。阿凯也感觉到了六年前的那种温馨，他微笑着说："好，我要，我要。"阿凯笑的那样灿烂，六年了，他第一次笑。从那天起，小玉和阿凯又回到了以前那种温馨当中。他们男的英俊潇洒，女的秀色可餐，他们在一起真是郎才女貌，天作之合。可阿凯内心确实另一种想法……不过，阿凯还是天天送小玉回家，日复一日，年复一年，风雨无阻。因此小玉对阿凯的爱又加深了。

可，该来的灾难总会来，该面对的一切坦诚相对，到了小玉高三那年，小玉的爸爸突然病倒了。爸爸病倒了，家里的顶梁柱倒了，经济来源一下子冻结了，而妈妈为了给爸爸治病几乎花光了家里所有的钱，家里所有能卖的东西都卖了，还欠了一大笔债，家里也无多余的钱供小玉上学，因此小玉面临着辍学的危机。

得知这一情况的阿凯坚定的对小玉说："不能退学，城里的孩子没文化很丢人的，况且你还有一年就考大学了，绝对不可以辍学，我来供你上学。"这一席话使得小玉很感动，同时也让这情窦初开的少女更加迷恋他了。

此时的小玉也更加坚定了小时候的想法：一定要嫁给阿凯。自从阿凯给小玉承诺以后，他更加勤奋了，一个人干了五样工作。昼夜不停地工作，仿佛一台永不停转的机器，几天下来，阿凯原来就单薄的身体现在是皮包骨头了。但阿凯从未后悔对小玉许下的诺言。而小玉见阿凯一天天消瘦下去，她心里很难受，也很心疼阿凯。她不想阿凯为了他而这样劳累，她多次向阿凯提出退学，最终都被阿凯拒绝了，小玉只好乖乖地听阿凯的话，带着阿凯的希望，小玉终于考上了大学。

小玉上大学的那天，阿凯来送她，在上车之时，小玉把阿凯当年给他的小玻璃瓶又给了阿凯，但瓶内的星星变成了十一只洁白的千纸鹤。小千纸鹤在瓶内光彩熠熠。在小玉把小瓶放在阿凯手上时说："十一代表我对你一心一意，你一定要等我。"阿凯默不做声却用力地点了点头。

大学的生活多姿多彩，可小玉总觉得自己内心空落落的，每天的生活都仿佛缺少了什么。虽然阿凯每个月都会寄来生活费，但没有他陪在身边，小玉难免有孤寂之感，还好大学生活过得很快。

毕业后的小玉找到一份满意的工作，而且工作单位离阿凯住的出租屋很近。这样她每天下班之后就可以给阿凯收拾屋子。可小玉的这些行为让阿凯很矛盾。阿凯的心事越来越重，在小玉认为她爱阿凯，从小到大从未变过，但阿凯心里却不是这样，他觉得自己这个没文化的农民配不上小玉这个学识渊博的大学生，在小玉面前阿凯觉得自己永远抬不起头。

阿凯常常对小玉说："别再找我了，去找个比我好的人嫁了吧！"小玉还像以前一样调皮的说："没人要我了，就你要，你要。"阿凯却皱着眉头低下头无可奈何。但阿凯何尝不想和小玉长相厮守呢？可有太多的原因不得不把小玉抛弃。

突然有一天，所有事情都变了。那天下着蒙蒙细雨，小玉下班后和往常一样去帮助阿凯收拾屋子。可刚一进屋，小玉惊呆了，她看见阿凯和一个女的躺在床上。看到这一幕小玉几乎崩溃了，她捂着嘴冲出了屋子。跑在马路上的小玉，脸上的泪水与雨水混在了一起。她从不相信阿凯会是这样的人。可毕竟自己亲眼所见。

小玉心里乱成了一团，接下来的几个月，阿凯与小玉再也没联系。小玉不明白为什么自己这么多年的爱却换来了阿凯无情的背叛。她很伤心，同时对阿凯也很失望。可阿凯似乎什么事没发生一样，他还是昼夜不停地干活挣钱。

最后，阿凯发了一条短信给小玉：小玉，忘了我吧，我不值得你爱，找个对自己好的人，嫁给他吧！看完短信的小玉伤痛欲绝。时间似乎冲淡了一切，小玉恢复了心态，她重新开始了生活，天天的忙碌使小玉淡忘了阿凯对她的伤害，她原本想忘记阿凯，但因为这件事，阿凯却永远活在小玉的心中。

这天，公司加班。在下班时天已经黑了，小玉如平常一样独自走在回家的路上。在经过一个巷口时，一个陌生人拦住了小玉的去路，他对小玉动手动脚，然后把小玉拉到巷口的破屋里，撕破了小玉的衣服。

正在这时，一个人冲进屋里，揪起那个淫徒就是一顿暴打。此时的小玉蜷缩在角落里微微发抖，但她看清了，那个人正是阿凯，阿凯又如同小时候一样在她危难之际挺身而出。小玉注视着阿凯，眼里充满了恐惧与悲伤，阿凯打了淫徒一顿，转身扶起小玉，刚要走，那个淫徒拿出刀向阿凯捅去。之后淫徒逃跑了，阿凯捂着伤口倒在血泊当中，看着倒在地上的阿凯，小玉不知所措了，她开始颤颤巍巍地扶着阿凯站起来，艰难的向医院走去。费了好大劲儿小玉把阿凯送到了医院。检查一翻后，医生说："准备后事吧。"因为那一刀割断了阿凯的动脉血管，导致他失血过多，现在已无力回天了。

阿凯走了，小玉抱着阿凯的身体失声痛哭。在收拾阿凯的遗物时，在阿凯兜里发现了一个已经破碎的玻璃瓶，里面十一只洁白的纸鹤已被阿凯的血染得鲜红。美丽的纸鹤似乎被阿凯赋予了生命，它们张开翅膀振振欲飞。

后来的一天，一个女人找到了小玉，小玉一眼就认出了她就是那天和阿凯在一起的那个人。那女人坐在小玉身边望着小玉说："小玉，也许你不认识我，我是阿凯的姐姐。"小玉瞪大了眼睛似乎不敢相信。"是的。"

那女人接着说："在阿凯刚进城找工作那年，我就认识他了，也认了他这个弟弟。其实阿凯心里一直深爱着你，但他知道自己没文化配不上你，他不想你和他一起过苦日子，他希望你能幸福。所以他叫我和他演了那出戏。目的使为了让你对他死心去找属于你的幸福。阿凯很爱你，在做了那件事之后，他每天都是浑浑噩噩地过着。他心里也很难过。每天晚上他都在你公司门口等你下班，准备着送你回家，他爱你，他时时刻刻都想着你。告诉你这些只希望你能原谅阿凯。原本这个秘密是想守到永远的。可现在阿凯走了，没必要再隐瞒了。"姐姐的话说完了，小玉扑在姐姐怀里哭的撕心裂肺，阿凯一切都为了自己着想，而自己却一直误会他。小玉这下更伤心了。

转眼间三年过去了。三年里小玉一直守着那十一只被鲜血染红的纸鹤。随后，小玉认识了帆，在小玉和帆结婚那天，小玉洁白的婚纱上多了十一只红纸鹤。她对这小纸鹤轻声地说："阿凯我会幸福的。"说完两行热泪在脸上流淌。

红色的千纸鹤在婚礼的殿堂翩翩起舞，它们载着阿凯的梦，伴随小玉幸福一生。

第四篇 ◆ 原来结束是另一种开始

千纸鹤的梦，七彩的梦，永恒的梦，爱人的梦……

心灵感悟

爱情中的人总是很矛盾，希望对方完美无缺，又怕映出自己的不完美。爱情总使一个人看到自己的渺小与自卑，不敢言爱，并不是不爱你，而是因为太爱你。

垃圾爱情

被他认作干妹妹，我心里像灌了蜜一样甜

夜总会开业前一天的傍晚，我在后门的厨房里第一次看到他——1.80米的个头，穿着宽大的休闲裤，一件粉蓝的短袖衬衣和一双酷酷的半统靴皮鞋，脖子上戴着一条粗扁的金项链。

开业典礼结束后，我又看到了他——一身深黑西装衬着他那张成熟男人的笑脸。他老练地周旋在客人和老板之间。原来他是老板之一的刘骆。

或许因为我身材娇小，刘骆从我面前经过时，总会打量我一下。直到有一天，在大厅例会上，他对着部长和所有服务员宣布，认我为干妹妹，因为他觉得我和其他人不一样。从那时起，见到他时，我都会甜甜地叫一声"大哥"。他一脸宠溺的笑容，让我心里像灌了蜜一样甜。

有一天，凌晨2时过后，只剩下一房的客人还在玩儿，刘骆在里面陪着喝酒。他挥手叫我过去，一把拉我坐在他的位置上，推过一个骰盅，让我陪一位客人玩骰子。他坐在我身后，从背后搂着我的腰，把头靠在我的肩膀上。他的胡子茬碰着我的脸颊，痒痒的、酥酥的。我听他操着沙哑的嗓子唱起姜育恒的歌：

别让我一个人醉，别让我一个人走，寂寞的路上有你相随，醒来还有梦。别让我一个人醉，别让我一个人守，漫长的午夜有你相伴……

天亮了，玩了一个通宵的客人尽兴而去，刘骆拉着我的手上了他的敞篷跑车。我疲倦地舒展着手臂说，我喜欢坐露天的车子。多美的清晨！小

124

鸟在电线杆上唱着歌，露珠儿在花瓣上欢快地跳着舞。

车子停在他家门口时，他揉揉我的头发，低下头亲了我，我狠狠地推开他，说："别忘了我是你的妹妹，你会后悔的！"他以我从没见过的一种顽皮的神情看着我说："你威胁我？"随即，他满口的酒气全散进了我的口中，我来不及喘息……他的温柔俘虏了我。当我看到他和夜总会小姐们搂搂抱抱时，我的心竟有了酸痛的感觉。我发现自己已经不知不觉地陷入了他的温柔，不能自拔。

苦涩的是啤酒还是泪水？那一刻我分不清

一天晚上来了几位客人，其中有一个客人隔一会儿就出来看看我，小眼睛笑着眯起来。不久，刘骆就把我叫进去陪几位客人喝酒。我进去时，看见刘骆坐在那位总是看我的客人身边。见我来了，那人拍拍身旁的沙发，示意我坐下。我怔了怔，刘骆拉住我，向客人身边一推；客人胖胖的手一下圈住我的腰，在我想挣扎离开时，刘骆递过来一杯满满的啤酒。

我虽然喝得迷迷糊糊，但还听得清楚。刘骆沙哑的嗓子又唱起了那首歌："人生相处久，有时浓烈有时薄，多情岁月滴滴在心头……"啤酒是苦涩的，眼泪也是苦涩的，所以我怎么能分清脸上一滴一滴往下淌的，是酒还是泪呢？

客人离开的时候，我躲进了洗手间，服务员告诉我，刘骆早已带着另一位夜总会小姐离开了。酒竟一下子翻涌着胃气直冲喉咙，我呕吐的劲儿，像要把所有内脏都吐出来一样，包括那颗早已鲜血淋淋的心。

自从那天晚上后，我心甘情愿申请调去的士高大厅，他会偶尔进来，总能在迷幻的五彩灯光里准确地找到我；他依然在夜总会小姐群中打情骂俏，而我只有一脸无动于衷的笑容。

妖艳性感是夜总会中的平常风景，我只是这里掠过的一只惊鸿

一天下班后，我坐在吧台上等同事。一脸酒意的刘骆摇晃着向我走过来，我装作没看见他，他却从背后抱住我说："别生气，哥哥喝多了。"我淡淡地说："你喝多了，就对每个女人都一样！"他说："那你要我怎么样？""我并不要你怎样。"我淡淡地回答他，又问他一句，"你为什么没有家庭？"他愣了一会儿，忽然笑嘻嘻地说："我现在不是很好吗？"这一

第四篇 ◆ 原来结束是另一种开始

刻，我完全明白了背后搂着我的这个男人的心。我错爱了他。在娱乐场所中，妖艳与性感成为人们眼中再普通不过的风景，而我，只是从这里掠过的一只惊鸿。

我在洗手间的门后用笔写了一首诗，诗的题目为《垃圾爱情》——

把心中对你的爱化作垃圾倒入都市夜晚闪烁的杯子发酵成冒泡的啤酒喝进了一个男人的肚子。

三天后，我离开了夜总会；若干日子后的某一天，我坐在有风的夜里，不知不觉哼起了刘骆唱过的那首歌。这时，我心中一直隐隐作痛的伤口，渐渐被撕裂开了，我痛得泪流满面，续写了那首《垃圾爱情》——

却忘了将心清洗，残余的渣滓在心里慢慢发臭，最后变质。原来爱了一个人，就是毁了原来的自己。

心灵感悟

他纵有许多优点，但他不爱你，这是一个你永远无法说服自己去接受的缺点。

一个人最大的缺点不是自私、多情、野蛮、任性，而是偏执地爱一个不爱自己的人。

垃圾一样的爱情是一种自毁，是一种懵懂的迷失。唯有转身，才能重获新生。

第五篇

半个吻的约定

有一首歌这样唱:"原来暗恋也很快乐,至少不会毫无选择";"为何从不觉得感情的事多难负荷,不想占有就不会太坎坷";"不管你的心是谁的,我也不会受到挫折,只想做个安静的过客。"所以,无论是喜欢一样东西也好,喜欢一个人也罢,与其让自己负累,还不如轻松地面对,即使有一天放弃或者离开,你也学会了平静。喜欢一样东西,就要学会欣赏它,珍惜它,使它更弥足珍贵。

单相思

我也曾有过单相思的体验。那是我的初恋。大约是在我十四五岁的时候，我悄悄爱上了同校的一个女生。她引起我的思念是因为她长得很美。那姑娘的美不是那种特别抢眼的美，她的美需要你去细看才能发现，她的那双眼睛灵动娇媚，看你一眼你心里就会生出一种甜甜的东西。

我不知道她的年龄，她可能属于发育快和早的那类女孩，胸部和臀部全高得让人心惊，总抓我的眼睛。而且她会唱歌，能跳舞，擅长朗诵，是学校里常出头露面的人。我每次看见她，心总要莫名地一跳，脸先自红了。我和她不在一班，平日里并不在一起上课，可我老想找机会看见她，就常在课间休息时到她所在的教室附近转悠，期望能够看见她的身影。不过有时她真要向我身边走过来，我又吓得赶忙扭转了脸假装去看别的，并不敢真盯着她看。逢她上台演节目，我必是聚精会神地看，而且看得大胆，目光全在她一个人身上，想记住她身上的一切特征。她并不知道我在爱她，甚至很少留意到我，更少同我说话。

怎样才能引起她对自己的注意，成为我那时常在内心里琢磨的事情。我记得我曾幻想有五种机会让自己去接近她，使她了解我，爱上我。第一种是她在学校附近遭遇了坏人袭击，刚好让我碰上，我奋不顾身地冲上前把坏人赶走。时间最好在傍晚，她又受了伤躺在地上，当然不要伤得很重更不要伤在脸上，我于是上前弯腰把她抱在怀里，径直送到校医那里帮她包扎。这一来她肯定会对我产生好感并进而爱上我……第二种是她星期六离校外出时突然得了急病，当时她身边没有别的相熟的同学，只有我。我于是上前一不做二不休就背起了她，她那阵已无力拒绝，听任我背了她向医院里走，她把头伏在我的肩上感动地说：太谢谢你了……第三种是在夏季发大水时她不小心掉进了河里，因为河水流得很急，看见她落水的同学都没敢下水，只有我不顾一切地跳下去向她身边游，我一只手从背后抓住她的衣领，另一只手划水向岸边靠，终于平安地将她救上了岸，当她仰躺在岸上苏醒过来后，她紧紧抓住我的手说：谢谢你救了我的命……第四种是她在新学期开学时把带来的学杂费全丢了,她正在那里哀哀哭泣时,我走上前说:我这儿有钱,你拿去先交上吧!她很感动,抓住我的手不停地摇着……第五种是她有一天正在公路边走,一辆汽车突然失去方向朝她轧过来,在那千钧一发之际我猛地向她扑去,抱住她滚到了路边的沟里,从而使她保住了命,她起身后感动得抱住我不停地亲我……我想得很美,遗憾的是那只是幻想,五种机会没有一个能真的出现,所以到最后我和她也没能接近。

在单相思的那段日子里,她常常能走进我的梦中。那是一些光怪陆离的梦,那些梦境今天已不可能记清,如今还能记得的,只是一些梦的碎片:一个面目狰狞的鬼怪突然出现在我们学校里,抓起我和她就飞上了云端……我和她站在一座荒无人烟的山上,四周全是绝壁,她当时吓得哇哇大哭……

单相思对我的学习也有很大的推动,它变成了一种新的动力。我暗暗发誓要好好学习,争取将来能当个公社书记。我想,我只要当上了公社书记,我就有了向她求婚的资本,我将穿上一身板正的中山装,郑重其事地走到她面前说:我爱你!

那个时候她大概就不会低看我了,会羞涩而高兴地说:我愿意嫁给你……单相思也使我很注意自己的衣饰穿戴。我总是要母亲把我的衣服洗净;为了保持衣领的板挺,我在衣领上别满了曲别针;我学一个老师的样子,特意把两个套袖套在衣袖上;我没有新鞋,为了使那双旧黑布鞋看上去还像新的,我朝鞋帮上涂了墨汁……我还想办法买了一块香皂,每天早上都极认真地洗脸,而且很努力地刷牙,一心要把牙刷得比她的牙还白。

单相思还使我学会了拉二胡。我知道她爱唱歌,我想只要我学会了拉胡琴,就增加了我求爱的资本,我日后就有可能给她伴奏,会使她更快地喜欢上我。我此前对音乐可以说一窍不通,我从识简谱开始,一点一点地学;简谱识得后,我找来一把旧二胡,吱吱呀呀地拉起来。最初拉出来的声音实在难听,凡听见那声音的同学,都要捂一捂耳朵以示抗议。但工夫不负有心人,我最终拉出来了,后来从琴弓下淌出来的声音变得很是悦耳动听。在一些不上自习的夜晚,我学拉的《二泉映月》和《良宵》,能吸引不少双耳朵倾听了。我当然希望也能把她吸引到身边来,但最终也没能

如愿

所有的单相思者，都希望最后的结局是双相思，我也不例外。没想到正当我这样向往时，一个霹雳突然在耳畔炸响：她已经有了对象，他是一个年轻的军官。

消息飞到耳边的那一刻，我惊呆了，我站在原地久久未动，连上课的钟声都没听见。我一连两顿没有食欲吃饭，没有人知道我出了什么问题。不久之后的一天，我便亲眼看见了那个年轻的军官。他来学校看她，她灿烂地笑着送他向学校大门口走，我定定地望着他们的身影，听见了自己的心轰然碎裂的响声……

我的单相思不得不结束了，结束了这段单相思的我变得更少言寡语了。此后，我便把精力更多地用到读小说、打篮球和上课的学习上。我下决心此生要干出一个样子来，我一定要娶一个比她还漂亮的妻子。后来，当那个从军的机会来到时，我不顾一切地抓住了它，我想，我也要当一个军官！

我真的当上了军官，可那已经是很久以后了。军官的生活并不像我想象的那样浪漫和轻松，一连串新的问题摆在我的面前，我开始了另一种忙碌，她的身影在我的脑海里日渐模糊。随着时光的继续流逝，她终于完全退出了我的记忆。

但印痕还是留下了。

心灵感悟

单相思几乎是每个少年都经历过的一种心理状态。它是在经历爱情之前的一个特殊阶段，每个人在恋爱之前总有那么一段单相思。为了讨暗恋者的欢喜，想方设法引起对方对自己的注意。但事实往往并不如人愿，单相思梦常常以破碎而告终。

虽说，暗恋是一种痛苦，这份痛苦，经过岁月，会化作美丽的回忆，让人怀念。但或许暗恋才是最美好的吧，好像封存于盒底的花瓣，多年后打开，仍然有着淡淡的幽香……

亲爱的师姐，我爱你们

又是五月。

在英文里，"五月"（May）跟"祝愿"（May）是同一个词。

这是一个举手向天便能放飞缤纷心思的季节。

这是一个插下柳枝就会长出青绿愿望的季节。

这是天使的长发和风和雨一样飞扬的季节。

这是青春的马蹄"哒哒"响起的季节。

所以，少年青云在五月的最大愿望便是能见到女孩紫烟！

青云是学校"二月花"文学社的社长，除此之外还兼任了校团委宣传部副部长、校广播站主持人等一大堆工作，在校园里也算个风云人物。自然便有不少女孩子给他传纸条写写情书什么的，但青云很酷，很少回应。

一天，他照例捧着一撂信函走向文学社办公室，沿途有师兄不时打趣："才子，又这么多情书啊，挑几封可怜可怜兄弟们吧！"青云也嘻嘻哈哈地跟他们打闹了一番。忽然，一张明信片掉了出来，他下意识地捡起来，眼睛匆匆地在上面停顿了一下：明信片是那种最普通不过的式样，几乎就是一张白纸板，几行娟秀清逸的文字却牢牢地吸引了他。那是一首改编过的戴望舒的诗——

说是寂寞的秋的清愁／说是辽远的海的相思／假如有人问我的烦忧／我不敢说出你的名字

我不敢说出你的名字／假如有人问我的烦忧／说是辽远的海的相思／说是寂寞的秋的清愁

诗很美，改得也恰到好处，有一种古典美，它把小女孩的那种浅浅淡淡百转千愁的情思描写得活灵活现。更妙的是那署名：司马紫烟！

诸葛青云！

司马紫烟！

多么天衣无缝的一副绝对呀！

青云开始绞尽脑汁地想象这个女子究竟是哪位神仙姐姐。毫无疑问，

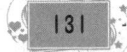

她是个女孩：巧笑倩兮，最是那一低头的温柔，像一朵水莲花不胜凉风的娇羞。

然而那女孩似乎决意要跟他将这个捉迷藏进行到底了，明信片依然每隔一段时日便会姗姗而至，有时洋洋洒洒，有时却惜墨如金。

"想你时，笔竟不出水了，我想笔哭了。"

"犹如一阵风掠过发际。我忍不住想给你写信，随即又溜出门去看一眼天空，看当一个女孩思念一个男孩时，天空中有没有发生什么变化？"

这些信息是让青云有一种想流泪的冲动，他多么想看看这个老是躲在文字后面的女孩究竟长着一副怎样精美绝伦的容颜。

最后一张明信片飘来时已是七月，又一届师兄师姐也将作别菁菁校园的季节——

"不知从什么时候起，发觉自己竟偷偷喜欢上了一个男孩的背影，看他日日成为自己眼中一道行走的风景，真想不顾一切让自己也成为这风景里的一幕。想来想去，终于没下决心，于是选择了司马紫烟这个名字，这个太像一种暗示的名字。好喜欢好喜欢你读信的样子，真的，你在读着一个女孩的心，我在默默地读着你的感动。"

"很遗憾终于要说再见了，尽管不情愿，但理智告诉我足够了，你我只是两条船呵，远远的相会在茫茫的海，你记得也好，最好是忘掉，我们交会时的灯光。"

"不要刻意探究我叫什么名字，我只是你的师姐，一个曾经取名司马紫烟的女孩。"

毕业庆典上，作为主持人的青云一直在努力寻找紫烟，他分不清面前那些女孩中哪个是紫烟，也许紫烟是她们共同的名字，于是他脱口而出："亲爱的师姐，你们真漂亮，我爱你们！"

台下已是一片欷歔。

心灵感悟

如烟般的爱恋，没有结果，是忧伤的，但也是幸运的。学生时代的互相爱慕，没有经过社会的磨砺，是没有功利性的，是最纯洁的。然而，这种感情却如烟一般飘忽不定，所以她宁愿把它当做一份珍藏在心底的回忆。而青云在毕业庆典上的真情呼喊，让包括紫烟在内的所有毕业生都潸然泪下。

有时候，错过了，不一定是遗憾。爱，不一定要说出口。将心愿写在一张张明信片上，埋在树下的泥土里，深藏的爱，会成为两个年轻生命的不老回忆。

爱上了幻想中的你

劫财劫色也轮不上你

拿到数学试卷的时候，杨蕊敏恨不得一口吞了它。宁亚使劲儿把脑袋往她这边凑，她哗啦地把卷子塞进书包，转身就出了教室。

宁亚喊她，蕊敏，你去哪儿？她头也不抬地回，去死。

因为心里憋闷，杨蕊敏决定去护城河边溜达。她总觉得数学成绩不好跟她小时候摔破过脑袋有关，要不就是自己资质太差。转来转去，才发现后面有个人跟着。杨蕊敏心下一惊，想八成是遇上劫匪了吧？怎么办，这僻静的地方，真是叫天天不应叫地地不灵。

她只好抱住书包往前面使劲儿地跑，还不忘回头看看。因为心慌，她一个趔趄摔在地上。书包里零碎的东西散了一地。正在无措的时候，后面男生撵了上来。

你想干吗？蕊敏清了清声音，故作勇敢地说。

这个男生实在是非常清秀，白衬衣蓝色牛仔裤，在夕阳下眯着眼睛轻轻地笑。他朝她伸出白葱样修长的手拉她起来。那一瞬间，蕊敏的目光怔怔的，很像电视里的慢镜头。路边的野姜花开得很艳，蕊敏傻傻地说，我没钱。

男生捂着胸口装很受伤的样子，眉眼笑成一团。他说，把你的IP卡、IC卡、IQ卡通通交出来……呵呵，我还以为你要跳河，准备英雄救美，结果你把我当劫匪了。不过，就算是匪徒劫财劫色也轮不上你吧！

他笑得花枝乱颤，看得蕊敏目瞪口呆。突然想起落出来的不及格的数

学试卷，赶紧扑过去藏起来。

暗恋会导致的奇怪行迹

那是第一次见到叶少天。在后来的许多天里，蕊敏都拖着亚宁一起去护城河边溜达。她知道自己是想遇上他，一想到这里，她的心就慌成一团，堵得很。

亚宁在满是野姜花的傍晚枕着胳膊大声的宣布，蕊敏，我暗恋了！我暗恋播音室的广播员，他的声音像糖。那姿态，好像暗恋是一件漂亮的新衣裳，拿出来炫耀一下。

蕊敏问她，数学成绩和暗恋相比哪个更重要些？还没有等亚宁回答，她自顾自地说了下去，上数学课的时候脑袋里乱七八糟的，不晓得装的是习题还是那个人。

亚宁长长地哦了一声，非常肯定地说，蕊敏，你也暗恋了！

蕊敏的眼泪吧嗒地落了下来，亚宁也哭了。两个人拥抱在一起，非常伤心。心里明白，暗恋是一件很难承受却又有小小欣喜的事。

因为这份心思，生活有了不同。确切地说，有了很奇怪的行迹。蕊敏和亚宁常在人群里交换一个莫名的眼神，蕊敏知道，亚宁在想那个人。她们喜欢独处，有了忧伤，会敏感，会发呆，会在下雨的时候写一些很酸的文字，也不再爱吃棒棒糖。而亚宁，在听见播音室传来的声音时，奉为天籁。

蕊敏在街上看见叶小天，会跟了过去。也不打招呼，只是不远不近地跟着，看着那背影心里涩涩的。

怎么就变成左撇子了

是蕊敏在看蜡笔小新时，叶小天来敲的门。她开门的时候吓了一跳，看了一眼又"咚"的一声把门关上了。心蹦蹦跳，然后冲进洗手间理理头发，再去开门。

叶小天非常严肃地说，杨蕊敏同学你太伤人自尊了吧，上次当我是匪徒，这次又当我是小偷了吗？我不过是你妈妈请来给你补习数学的老师。忘记告诉你，小时候我们住在一个院子里，不过你太小，估计忘记了。

蕊敏"啊"了半天，想起来了。难怪呢，难怪觉得有亲切感，转念一想，又开始遗憾，怎么就搬家了呢？要不两个人也算青梅竹马，两小无猜了。

原来叶小天在另一所重点高中上高三，成绩非常优异，所以妈妈才拜托他抽空的时候来指点一下蕊敏。两个人同年，但叶小天非要蕊敏喊他老师，还一副老夫子的样子拿着笔敲打蕊敏的脑袋。

蕊敏一直抗议，但心里的欢喜铺天盖地的。再看见亚宁的时候，她神采奕奕，亚宁说蕊敏，你不暗恋了？

蕊敏呵呵地笑，说暗呀，不过他周末有半天的时间在我家！她非常自豪非常得意地炫耀着，亚宁苦着脸，说我怎么没这运气？

蕊敏在叶小天来做家教时，就变成了左撇子。她用胳膊占了大半的桌子，歪歪扭扭地写字。叶小天说杨蕊敏同学你的字写得真难看。叶小天说杨蕊敏同学你怎么是左撇子？叶小天说杨蕊敏同学你老是打到我，你故意的吧？

蕊敏心里偷笑，她就是故意的。她的胳膊碰到他的胳膊，心里就开出花来，有恶作剧的幸福感，还有，他离她这样近，只是胳膊伸一下，就可以撞上。

而叶小天着实是很严的老师，蕊敏一走神他就敲她的脑袋。他强迫她背复杂的公式，威逼她绞尽脑汁地算习题，慢慢的，蕊敏对数学有了兴趣。原来解出一道题的正确答案会有这么强的成就感。

其实暗恋的只是你心里的想象

蕊敏在解出一道题的时候不经意地问，叶小天，你会暗恋吗？

蕊敏在一个阳光明媚的日子对着站台上大幅的人造美女海报看了半天。她突然觉出了羞耻，自己的眼睛太小了，鼻子太塌了，脸胖了点。

她去美容院问了问把一张脸"造"得跟明星一样漂亮需要多少钱，人家说上万。蕊敏记着那个让人咋舌的数字，回家就把扑满砸了。她数了一地的硬币，开始算起加法。这个时候她的数学公式运用起来出奇的灵活，最后得出结论，她的钱只能做一只双眼皮的手术。

妈妈回来的时候，蕊敏正抱着膝盖掉眼泪。她心里有好多的忧伤，快要发霉了。她摇着妈妈的胳膊说，给我钱，我要做双眼皮手术，我要变得漂亮。

妈妈说，我的蕊敏已经很漂亮了呀？蕊敏哭得更凶了，她说我要更漂亮，像孙燕姿。

其实是因为叶小天。叶小天说，我暗恋孙燕姿。

他说出这句话的时候，蕊敏觉得天都要塌了。她在心里那样喜欢他，可他却喜欢别人。

蕊敏和亚宁再到护城河边"散心"时，亚宁又枕着双臂说，我失恋了。亚宁的失恋很简单，她暗恋的男生，在同学受欺负时，没有挺身而出。那一刻，亚宁非常失望，她觉得他辜负了她对他完美的想象，原来他是如此的普通。她说，他就是声音好听点，长得帅点，其他好像也没什么。而我对他的喜欢竟然这样浅，一下就没了。

她呵呵地笑着，说蕊敏也许你也只是喜欢叶小天的笑容，你每次都对我说他的笑容怎样温暖。

蕊敏想，是吗？她喜欢的是他温暖的笑容吗，其实她根本不了解他，要不他们小时候在一个院子里生活过她怎么就不记得了呢？只能说明，在那样一个偶然，他以想象的方式走进了她的生活。

其实，他们都是孩子，不懂喜欢，不懂爱情，只是懵懵地想像着，然后当了真。

双眼皮又变成了单眼皮

叶小天的功课忙了许多，也不再过来给蕊敏补习。有一次，他们在音响店狭路相逢，叶小天手上拿着李宇春的碟。

蕊敏说，叶小天你不喜欢孙燕姿了？他说是呀，我现在喜欢李宇春呢！他说杨蕊敏同学你的数学成绩怎样了？

蕊敏笑得一脸灿烂，说好多了好多了，谢谢你，小老师。

然后他们一起走出音响店。说过再见一个向左，一个向右地离开。蕊敏没有回头，只是有温润的液体流了满脸，她觉得她失恋了，因为叶小天还是喜欢单眼皮的女生。

她轻轻地把眼睛上透明的双眼皮胶带扯了下来，这是妈妈给她想的办法。用这样的方式让她变成双眼皮，但是有什么用呢？叶小天喜欢的也不是她们的眼睛。

一切都是想象。只是心里徒然的暗恋，落空，像最暗的角落里落了一片叶，仅此而已。蕊敏就豁然开朗起来。

她开始长大，她认真地写字，认真地背数学公式，上数学课时，叶小天的脸会跑出来，她就用笔敲打自己的脑袋，然后就笑了。

心灵感悟

年轻的时候，我们总是把一种纯粹的喜欢当做爱情，因为距离，那个人在我们的心里无比完美，当这个人有一点"不完美"的举动时，我们的"爱"就转瞬即逝，原来，我们爱的并不是那个人，而是我们心里的一种幻象。

蝴蝶蝴蝶，你爱过吗

我知道，所有的男孩都喜欢小薇。

小薇是我的好友，从小到大我们情同手足，一直，我是她的陪衬。有些女孩天生会是一些漂亮女孩子的陪衬，我就是她的陪衬，我的平凡与普通更衬托出了她的不俗——她高高的、洁白的额头、修长的腿、如瀑长发、美丽眼睛似一潭秋水，不，这些还不够，她还有足够的聪明，我们班的第一名总是她拿，尽管我很努力，可是我只拿第二名。

有很多男生接近我，我知道他们是为什么。他们问我，薇喜欢什么颜色？她喜欢吃什么？他们问我的时候装作无所谓，可我知道他们喜欢她。

我没想到顾卫北也会喜欢薇。

这太出乎我的意外了，真的，他怎么能喜欢薇呢？他多么狂野啊，而且，他是老师眼中的坏学生，他打架、吸烟、喝酒，跳学校的墙头去看电影，他一个人坐在最后一桌。

他的眼神阴郁，喜欢捧一本卡夫卡看，文科班的学生，如他一样有灵气的人不多，我看过他写的文章，他不是不聪明，他只是不屑于学习。

当我语气里流露出对顾卫北的好感时，薇以奇怪的眼神看着我说，小莫，你不会喜欢他吧？他那种小子怎么可能让你喜欢呢？你看那副流氓样子，让人瞧了就想开除他！

这就是薇对顾卫北的感觉。但有一天顾卫北路上拦住了我。我心里怦怦地跳着，我以为，他要对我说什么。

他的确给了一封信，他鬼魅地笑着，充满了野性的美，他穿着飞着边子的牛仔裤，张扬的脸在黄昏里更加英俊动人，真的，他的身材怎么会那么好呢？一米八的身高，加上一张类似的三浦友和的脸，那时三浦友和已经成了过气明星，可他的确很像他，我深深地迷醉着，在夕阳中看着他，发着呆。

是给薇的情书，他说，请你，请你帮我这个忙。

我无法拒绝他。

好。我说，我试试，其实我知道薇不喜欢他，可是，我怎么忍心告诉他、伤害他？

那时，我们还有四个月高考。我知道这样的心猿意马是不对的。可是，可是怎么管得了自己呢？

顾卫北等来的判决很残忍，薇居然把顾卫北的情书贴到了教室的墙上，当顾卫北路过薇身边时，薇冷笑着说：什么时候能轮到你给我写情书呢？你想想，我们是一个世界的人吗？我的心缩成一团，我看着顾卫北，他的眼睛里全是冰凉，那么凉那么凉，如一口井一样深，我的手紧紧地握在一起，薇你太过分了。

顾卫北转身走了，留给我一个孤独的北影，我趴在桌子上好久好久，顾卫北，对不起。顾卫北的受辱好像是我的受辱一样，我心里的难过并不比他少。

当北师大的录取通知书交到我和薇手里时，薇高兴地说，小莫，我们又能在一起四年了。

她说，我舍不得离开你呢。她没有再提顾卫北半个字，也许那样的男生在她眼中只是过眼云烟吧，可是我，我如何能轻易，轻易就忘掉呢？

顾卫北传来的消息越来越不好，他落了榜，成了社会闲散人员，他常常喝醉酒，还常常打架，据说，有一次公安局把他还抓了起来，也许那次情书张贴把他的自尊全抹杀了吧，或者，他根本觉得自己是个没用的人？这样子下去他会毁了自己的！

我给他写了一封信，我知道用什么方法可以激励他！

那封信，我是以薇的名义写的，我说，顾卫北原谅我，那时我年少气盛，所以，做了一件错事，请你一定要努力啊，明年，我等待你的好消息。

我相信他会回信的，因为他真的很爱很爱薇啊。

果然，一周之后，我收到了顾卫北的回信，他写道：谢谢你啊薇，因为你那封信，我已经决定回去复读了，请相信我的聪明和我的努力，我一定给你一个满意的答复。

好，我说，以后，每周我都会写信给你。

从那以后，每周我以薇的名义给顾卫北写信，给他寄复习资料，半年之后，顾卫北给我寄来了他的成绩单，他以不可思议的成绩交了一份满意的答卷，期中考试，他是全年级第一名！

这一切，薇不知道，她上大学以后又成了校花，照样那样忙，文学社、学跳国际……她的时间总是那么挤，当然，她开始谈爱，男友换了一个又一个，她总是挑三拣四，环肥燕瘦，好像总是不如意。

一年之后，顾卫北以我们难以想象的成绩考上了复旦大学，薇听到了这个消息时吃了一惊，不会吧？但转眼，她就又忙着和男友约会了。

但顾卫北给我的信却说，薇我爱你，从你给我的第一封信开始，所以，不要离开我，你如果离开了我，我所做的一切都将毫无疑义，我将退学，继续自己的流浪生涯。

为了顾卫北，我继续扮演薇，我也为了顾卫北订了三条规则：一、不许和我通电话，因为我喜欢写信这种古典方式；二、不许见面，除非四年之后我们同考上北大的研究生，因为我想先读书；三、把我们的秘密维持下去，这是两个人的爱啊。

那是我怕暴露自己而提出来的三条原则，没想到顾卫北想也没想就答应了。他说，四年之后，北大见！

此时的薇，正忙着谈第N次的恋爱，没有办法，她总是这样惹得男人为她赴汤蹈火，男人们在她面前，全然没了自尊。我没有告诉她顾卫北的事情。

三年，三年内我和顾卫北写了多少封情书呢，我是给自己的心上人写，而顾卫北，全然把我当成了薇，如果他知道我是小莫，他肯定是不会再写了。

自始至终，这是我一个人的爱情战争，一个人的独角戏，唱到曲终人散的时候，我知道自己终将谢幕。

第四年，顾卫北果然如他所言上了北大研究生，而我去了北京一家外企公司，薇去了天津一个小公司做广告，一切，与五年前有了那样的不同。

寒假时薇来电话，她说班主任于老师请大家回去，我们一起回去吧。

我说，我要加班，你回吧。

我没想到薇和顾卫北会在那次聚会中相见，当薇看到顾卫北的一刹那她呆住了，顾卫北与五年前比似脱胎换骨一般，那样逼迫得让人无法呼吸的英俊和帅气，复旦和北大带给他的气息让他卓尔不群，但薇几乎一刹那后悔了，是的，她后悔错过了他！

可是顾卫北却把薇看成了信中的薇，他在酒后冲动地拉起了她的手，然后把她拖进舞池中，所有人都说，他们几乎是天造天设的一对！

顾卫北说，薇，你答应过我和我在一起跳舞的。

薇茫然地听着，但心中却是喜悦的，她没想到，千帆过尽之后，自己的爱原来在这里。

他们开始了真正的恋爱，一个月之后，薇打电话说，小莫，你知道我和谁恋爱了吗？

顾卫北啊，他吻了我，他说，明年，明年我们就结婚吧。

我呆立在窗前，我知道，早晚有一天会是这个结果的，美人鱼会变成蔷薇泡沫，而毛毛虫变成了蝴蝶的刹那，蝴蝶已经老了！

祝福你，我噙着眼泪说，亲爱的薇，好好珍惜顾卫北吧，他值得你一辈子去珍惜。

还是你说得对啊，薇说，当时，你就觉得顾卫北一定特别出色对吧？看来，还是你慧眼识君啊！

我擦了擦眼泪说，不，薇，我没有喜欢过他，我只是怀念过去那些岁月。

一年之后，我也考上了北大研究生，常常我会和顾卫北擦肩而过，他没有认出我来，这个在他眼中那么平凡的女生，怎么会让他驻足呢？

我不知道薇怎么解释那些信的。但她一次电话中叫着，小莫！小莫！她不停地叫着我，我明白薇什么都晓得了，不晓得的只有顾卫北，他全心全意地爱着那个薇的女子，我想，这就够了。

我对薇说，好好地爱吧，唯有这样，才对得起那些死去的蝴蝶。

说完，我轻轻扣了电话，而窗外，已经是一片秋凉。

那些蜕变的蝴蝶，你们也爱过吗？

心灵感悟

"想为你做件事，让你更快乐的事……看着她走向你，那幅画面多美丽……很爱很爱你，所以愿意，舍得让你飞向幸福的地方去……只有让你拥有爱情，我才安心……"很爱很爱你，所以，你快乐，我就快乐……

暗恋的守候

那一年，她16岁，第一次喜欢上一个男生。他不算很高，斯斯文文的，但很喜欢踢足球，一副低沉的好嗓音，成绩很好，常是班上的第一名。虽然在当时，早恋已经不是什么大问题，女生追男生也不再是新闻，她更不是那种内向的女孩。但是她从来没有想过要向他表白，只是觉得，能一直这样远远地欣赏他，就很好了。

那时，她常常为在路上碰到他，打声招呼高兴个半天，常常放学也不回去，而是上运动场一圈又一圈地慢跑，只为了看他踢球。她还学着叠幸运星，每天在那小纸条上写一句想对他说的话，叠成小幸运星，快乐地放在大瓶子里。她常常看着他想，像他那样的男生，应该是会喜欢那种温柔体贴的女孩吧，那种有着一把乌黑的长长直直的头发，有着一双水汪汪的大眼睛，开心的时候会抿嘴一笑的女孩。

她的头发很乌黑，但只短短的到耳际边，她有一双大眼睛，但常常因为大笑而眯成一条缝。她常常照着镜子想，如果有一天她成了那种女孩，他会不会喜欢上她。但想归想，她还是每个月都跑去理发店把稍微长长一点的头发剪短到耳际边，还是一遇到好笑的事情就哈哈大笑起来，笑得眼睛眯成一条缝。

她19岁，考上一所不算很好但也不差的大学。他正常发挥，考去了另外一所城市的重点大学。她坐着火车离开这个生她养她的小城时，浮上心头的是她点点滴滴与他的回忆。大学生活是以二十几天艰苦的军训生活拉开序幕的。晚上临睡前，其他女生都躲在被窝里偷偷打电话跟男友互诉相思之情，她好多次按完那几个熟悉的数字键，始终没有按下那个呼叫键。十九年来，第一次知道什么叫思念，原来，思念就一种可以让人莫名其妙地掉下眼泪的力量。

四年的大学生活不算太长，活泼可爱的她身边从来不缺乏追求者，但她却选择单身。好事者问起原因时，她总淡淡一笑，说："学业为重嘛。"她也确实在很努力地学习，只为了考他那所大学的研究生。四年来她的头发不断变长，她没有再剪短。一次旧同学聚会时，大家看到她时都眼前一亮，一把乌黑的长长直直的头发，水汪汪的大眼睛因恰到好处的眼影而更显光彩，白里透红的皮肤，时不时抿嘴一笑，都认不出这是昔日的小活宝。他见到她时也不禁心神一动，但当时他的手正挽着另一个女子的纤纤细腰。她看着他身边那个比自己更温柔妩媚的女子，很好地掩饰了心里的一丝失落，只淡淡对他一笑，说，"好久不见了。"

她22岁，以第一名的成绩考上了他那所大学的研究生。他没有继续考研，进了一间外资企业，工作出色，年薪很快就达到了六位数。她继续过着单调甚至枯燥的学生生活，并且坚持单身。一次放假回家，一进门母亲就把她拉过一边，语重心长，"女儿啊，读书是好事。但女人始终是要嫁人生子的，这才是归宿啊。"

她点了点头，进房间整理带回来的行李。先从箱子里拿出来的是一瓶满满的幸运星，摆在书架上。书架上一排幸运星的瓶子，都是满满的，刚好六瓶。

她25岁，凭着重点大学的硕士学历和优秀的成绩，很快就找到一份很好的工作，月薪上万。他这时已自己开公司，生意越做越大。第三间分公司开业的时候，他跟一个副市长的千金结婚了，双喜临门。她出席了那场盛大的婚礼，听到旁边的人说起新郎年轻有为，一表人才，新娘家世显赫，留洋归来，貌美如花，真是一对璧人。她看着他春风得意的笑脸，心里竟也荡起一种幸福的感觉，莫名的感觉，仿佛他身边那个笑容如花的女子就是自己一样。

她26岁，嫁给了公司的一个同事，两个人从相识到结婚不到半年的时间，短到她都不知道两人是否恋爱过。他们的婚礼在她的极力要求下搞得很简单，只邀请了几个至亲好友。当晚她喝了很多酒，第一次喝那么多酒，没有醉，却吐得一塌糊涂。

她在洗手间里看着镜子里那张在水汽蒸腾下逐渐模糊的脸，第一次有种想痛哭一场的冲动。但终于，她还是把妆补好后走出去继续扮演幸福新娘的角色。她的外套的衣袋里，有她早上仓促叠好的一颗幸运星，里面写着，"今天，我嫁作他人妇了。可是我知道，我爱的是你。"

她36岁，过着平静的小康生活。一日在街上巧遇一旧同学，闲聊起他，竟得知他生意失败，沉重打击后终日流连酒吧，妻离子散。她在找了好几天后终于在一间小酒吧找到他。她没有骂他，只是递给他一本存折，那里面是她所有的积蓄，然后对他说，"我相信你可以从头再来的。"

他打开存折，巨额的数字让他不可置信，那些所谓的亲朋好友在听到他说了"借钱"两个字就冷眼相向避而不见，她不过是一个快让他淡忘名字的老同学，却如此慷慨大方？她依旧淡淡一笑，说，"朋友不是应该互相帮助的吗。"当晚她的丈夫知道了后，一个重重的巴掌立刻甩了过来，大吼道："上百万一声不吭就全给了他，你是不是看上人家了！"她被那巴掌击倒在地，没流泪也没说话，更没有回答她丈夫的质问。虽然她从来没有向别人承认过她爱他，但她也绝不会向别人否认她爱他。

她40岁，那年他的公司已经成为同行业里最具竞争力的几家大公司之一。那晚他带着两百万和他的公司的百分之十股份转让书到她家。她的丈夫一边乐呵呵地说，"不必这么客气嘛，朋友之间互相帮助是应该的，"一边在股份转让书上签下名字。她没说什么，只说了句，"不如留下来吃顿饭。"

他没有不答应的理由。饭菜端上来时，他惊讶地发现自己最爱吃的几样菜都有。但他抬头看到她一脸恬静地为丈夫儿子夹菜时，心里一下释然，觉得是自己想多了。临走的时候他从口袋里拿出一张请帖，笑笑说："希望你们到时都可以来。"她以为是他又有分公司开业，不以为意，接过随手放在沙发上。送走他转身回厨房洗碗的时候，突然听到她丈夫大声说，"人一有钱就风流这句话果然没错啊。看你这个旧同学，这么快又娶第二个了。"她的手一颤，被一个破碗的缺口划了一下，血一下子涌了出来，一滴接一滴不停往下滴。她看着那片泛着微红的水，突然想起十五年前那个笑容如花的女子那身婚纱，似乎就是这个颜色。

　　她55岁，一天突然在家里昏倒，被送去医院。一番检查后，医生脸色沉重，要把她丈夫叫到一边说话。她毕竟是个聪明的女人。叫住医生，她很认真地问，"我还可以活几天？"三个月，电影里的桥段用得多了，没想到真应了人生如戏这句话。

　　她执意不肯住院，回到家里开始为自己准备后事。一个人活了大半辈子，要交代的事多着呢。收到消息的亲朋好友纷纷赶来见最后一面。他是最后一个。她躺在床上，已经开始神志不清，但一看到他手上那刻幸运星，立刻清醒了过来，似是回光返照。"这是给我的吗？"

　　她指了指那颗幸运星，脸上竟露出一丝笑容。他连忙回答，"啊，是。是啊。这是我带来给你的。"真是无心插柳，这不过是他刚出机场时碰到那个为红十字筹款的小女孩送的，他当时急着来见她，接过来时都没看清是什么东西就赶着上车了，一路握着也不知觉。她接过那颗幸运星，紧握着放在胸前好一会儿不放。终于，她指了指旁边的桌子，那上面也放了一颗幸运星，那时她昨晚花了一个多小时才叠好的，缓缓对他说道："在我以前住的房子里，还有三十九罐幸运星。等我火化的时候，你把那些连同这两颗和我放在一起，好吗？"

　　他还没来得及回答，她已经合上眼睛，一脸安详。她火化那天，他按照她的遗愿把那些幸运星撒在她身上，三十九罐，不小心滚落一两颗在地也没人发现。他转身要走的时候，忽然发现地上还有两颗。拣起来，他想，算了，就当是留个纪念吧。

　　他70岁。一天，他戴着老花眼镜在花园里看书时。4岁的小孙子突然拿着两张小纸条，兴冲冲跑到他面前，嚷道，"爷爷，爷爷，教我识字。"

　　他扶了扶眼镜，看清第一张小纸条上的字，"杰，你今天穿的那身蓝色球服很好看哦。还有，6这个号码我也很喜欢，呵呵。"

　　他皱了皱眉，问孙子，"这两张小纸条你从哪里找来的？"

　　"这不是纸条啊，这是你放在书桌上那两颗小星星啊。我拆开它，就发现里面有字了哦！"他一愣，再去看那第二张小纸条，"杰，有一种幸

福是有一个能让你不顾一切去爱他一辈子的人。"

"有一种幸福是有一个能让你不顾一切去爱他一辈子的人。"他念着，念着，泪流满面。

心灵感悟

暗恋是一种美丽的情怀，也是一份浪漫的伤痛。只要一切是为了那个心里爱着的人，哪怕他并不在意，你的心里也会有那么一丝感伤的甜蜜。爱在心里口难开，只是委屈了自己。

三十年

飞机起飞的速度让人有极限的感觉，很刺激，仿佛马上就可以安心的死去。回头做转瞬的回忆，一切都还放心可靠，于是闭上眼睛等待上去或者下来。

那里有一个人在等她，尽管她并未觉得这场爱情对等公平。

远远的，有人挥手，她看不清楚可她知道，就是他。于是脸倏的上了红晕，心跳。

他看她，说"美女来了"，尽管心开出花来，可她知道自己终究还是不美的。

还小的时候，她照镜子，镜子反射出的自己——光滑，水色的眼睛不大，但泛泛的有涟漪。有不起眼的男孩告诉他说"你的眼睛会说话"她便觉得有快乐在心底唱歌，可那男孩不是她的理想。她的理想往往超出她的现实。可现在的这个人就是这个样子，高高的，眼睛细长向鬓间斜插。有种力量，不是肌肉或者关节上，而是在身体的深处。有温暖，厚重，有可以寄托的爱情。他牵到了她的手，同样的柔软。或者是因为怜惜，还没有谁如此的让他感觉得到她的爱。况且他也还算喜欢。后来他说"小小的人儿"她的心略噔作响。她觉得她应该更骄傲一些，然而，骄傲全部在向他奔跑的当儿丢掉了。

其实他俩很熟了，三十年，十年见一次，第一次是小时候，脸上那个抹着灰土和鼻涕，牵着手在院子里玩儿。第二次是大学，本来都随父母迁徙的两个人赶巧的实习中碰到一起。他已经开始恋爱，并且正为了一个女孩研磨着。一双细长的眼睛配上年轻白净的忧郁，丢了东西的孩子般的可爱。可又是那么诚实的孩子，她便觉得他好，有几个男孩子能这么好看又诚实可靠呢？

  一年的时间，她一个星期去看他一次，他是部队的军官。每次他都孩子般的笑着招呼她过来，把他的"宝贝"拿给她看，全是那个年纪的小孩子的玩意儿，她把眼睛中的焦急暧昧笑成了水花，都快溅出来了一般。可他并未看得见。于是，每次她踏出他的地盘，眼睛便像手捻的灯一般，慢慢的，来一次便捻下去一点……慢慢的……黯淡下去。

  心疼……却私下里夸奖，多么专情，多么好的男子。

  她脚下蹬着的是借来的破自行车，咔嗒咔嗒地响。小城简陋而空旷。她谁也看不见，有时候石子被车子轧过且蹦起来，有一次冲到了她的脸上，留下硬币大的一块淤伤，第二周的时候她照样的来，他笑着招呼她坐下，问她喝水不？想玩什么？他的地盘不很大，于是她挑了让他放他喜欢的歌听。歌是有点忧郁的情歌，齐秦或者王菲。他的眼睛笑着却飞的很远，她的心便开始隐隐的疼，脸上的淤伤像要淌出水来般的肿胀，他没见，他的眼睛里有一个女孩，可不是她，于是她说头晕，便匆匆离开了。

  那是个冬天，雪不大，北方的风刮的很烈。她穿着一件小款的红色棉袄，是在张家口买回来的，请了朋友一宿舍的人去看，都说好。于是她穿着过来，眉毛精心的扫过，虽然她才开始学化妆。可是他看不见……他去送她，她回头看他，他正蹙着眉像个大人般的抽烟，在风里想着心事。一身绿军装，大风把裤子扯的呼啦啦的响，像一面旗帜。绿色的旗帜。她忽然觉得忧伤得想呕吐。他眼中的那个女孩该是怎样的女孩呢？酸楚……于是突然下定决心，不再来了。

  到自己的实习时她找了个男孩子恋爱，那是个大眼睛、高鼻梁会唱歌的男孩子，她也觉得好看。仿佛是水果摊上挑中了的满意水果，太阳底下发出清香，有种些微的麻醉和满足。可她却还是忍不住想他，那个每次去都会轻轻地对她说"来！给你看这个"的男孩。大眼睛男孩说"你的眼睛会说话"她笑。于是又偷偷的想起他——"如果这是他说出来的该多好"。

她纠结了，去书店买哲学的书读，有一本是纪伯伦的《沙与沫》。书上说"诗是从一个伤口或者笑口流出来的歌"看这句话的时候刚好在实习队的小院子里。窄窄的一溜儿院墙，摆着参差不齐的小板凳。芙蓉树花开的正艳，那种绿色的，名字叫"吊死鬼"的小虫从花上扯出长长的丝下来。有男生扯着嗓子对她唱《花房姑娘》，那男孩牙齿很白很齐。她的脸红着，几乎很美。

彼时，半年已过。红棉袄已经压在了箱底，她瘦了十斤，穿上精挑来的亚麻的米色长裙。头发扎成柔顺的马尾。她想"为什么还是想他，像梧桐细雨般的粘湿，弄得她也仿佛成了一首词"。

等实习结束的时候去告别。他像哥哥一样请她吃饭。小饭馆，一个不大的独处的空间。她还是什么也不说，偶尔抬头看他，可每一眼都想把他拉进自己的心里，告诉他——"这儿，对！就是这怦怦跳的心曾经和现在还有没有希望的未来是多么的疼"。

他仍然怕冷场，轻轻地说话，像在最轻柔的沙滩上行走。他给她讲他的身边的事情，一件件，连同他的女孩。他说她不美，可是却那么得好。她笑着看他，整个人悬浮起来，仿佛黑夜，等电梯赶回家，却很拥挤。一次又一次……始终没有位置，迫切却绝望……他给她倒水，督促她多吃。她回过了神，笑容温柔体贴，于是她又觉得此刻仿佛便是永远了，再没有离别。再没有别离多好啊！

哪有不散的宴席呢，他们无事一样的告别。自行车咔嗒咔嗒的响，一不小心摔倒在路边。恰好有牛车慢悠悠地走过。她忽然觉得自己像那粗笨的牛，除了力气和无用的善良再一无所有。于是恶狠狠的流泪，并且告诉自己忘记，并且从此要幸福。

终于，她还是冲到了他面前。再一个十年后，深冬，她已经嫁做人妇。嫁给又一个夸她眼睛好看的男子。她向命运妥协，甘心的堕落在普通人的幸福里，在那个爱她的男子，在他的掌心里安心的变胖变老。

皱纹刚刚爬上来的时候他却浮出水面。她把眼睛睁大，十年，兴奋，绝望……快乐，忧伤……后来，他说他感觉到她的喜欢。她笑了，因为绝望啊，她觉得再见一定不会是十年那么幸运，或许一直到死。到死也不会再有一面。

他已经足够的优秀了。胖些，眼睛里没有青涩，没有忧郁。还会说笑话，眼睛眯起来的时候有奕奕的亮光。那是安逸和幸福。这她觉得安心，仿佛他的幸福本身就是她的。

早上起来的时候，拉着爱人在他所住的小区里溜达。什么也不说，只是紧紧地攥着爱人的手。仿佛正在记忆并且证明，她曾在爱过的人的面前再一次匆匆走过。并且不伤心，不孤单。很多年的这日，她忽然想起她喜欢听的姜育恒的歌《其实我真的很在乎》。那个小城的宿舍里，一个叫"欧阳"的广播员，每日掏空心思地赚听广播者的眼泪。她蹲在小小的桌子旁洗衣服，姜育恒唱"好想哭，爱人和被爱一样铭心刻骨。好糊涂，就这样放手你和我的幸福"眼泪掉了下来。趁爱人转身的当儿拿手擦去，并掏出化妆包重新掩饰好。爱人说她臭美，她笑，在他的臂弯里打转。孩子不在身边，她就是爱人的孩子。

终于要走了，她看看车窗外的蓝天，想："其实一切不过都是一场幻觉。幸福是，爱慕是，想念是，所谓的离开也是"。

她在人群中看他，他正向着人群摆手，灰色红色横条的羊绒衫，质地良好。那天没有风，即使有风，呼啦啦的摆动的也只是她的念想。她鼓起勇气疾风吹劲草般的想把这些年堆积的遗憾甩掉。并且安慰自己"现在好了，见到了，结束了，余生也就从此安稳了"。如一块许久也不会拿起来使用的水彩，不抛弃，是为了证明曾经涂抹过的颜色。那幅画就刻在心上，是碧云天，黄叶地里的他的绿军装，呼啦啦的在风里飘……

她想起小时候背《诗经》"风雨如晦，鸡鸣不已。既见君子，云胡不喜"这几个字，原本就不快乐。因为见到似乎只是为了更决绝地离开。可今天她才知道，千百年前的那个她终究还是幸运的。——刚刚启明的清晨，又是风又是雨的专门赶来和她相见。他的心里有一个眼含秋水的她。而她的他呢？还根本就不知道她的爱情，甚至转过身后，就会把她这个人完全的忘记。和他眼前川流不息的人群并无差别。

谁知道什么叫"百转千回"呢？他和她在网上相遇。相谈甚欢。她忘记一切，仿佛找回玩具的孩子，双目奕奕的和他说话。仿佛她就是幸福的，其实也是。除了他，她什么也不缺。开玩笑的当儿，她告诉他"曾经，她是多么喜欢他"他呆了。她蓦地后了悔。"这次连友谊也不会有了"。可他毕竟是成熟稳健的男子。继续笑笑的拉家常。找他的歌给她听。"依恋，是一条天线。只收到从前，回忆的画面"她听到歌里这么唱。他说他不看歌词的。可她是对一切文字都敏感的人。那么多歌，每个歌里都有一个她和他。

她出差，见到久违的他。说顺便来看一看。其实她绕了一个大大的圈子。他说：恰好，我正有时间。他带她在他的城市里穿行，地铁轰轰驶过来的时候她正和他并肩站着。密集的人群中她甚至可以确认他的味道。眩晕而幸福。原来她想要的幸福只是那么的少。

他似乎不知。他拉上正发怔的她挤上列车。她想起了那个冬天的见面——两个孩子的脸，那双温柔的大手。如今似乎一切又回了头。"人生若只如初见"。她想，她几乎要感谢了，每一次见他都那么的好。他像一棵树，枝繁叶茂，谈笑风生，温暖如春……把她的四季都包裹了进来。

那个街角的小菜馆被漆成朱红色。几棵高大的槐树树成屋子的墙柱。空调的声音被旋转的音乐盖住，喁喁的耳语仿佛是牛郎织女星下面的沙沙细雨。他说她就像他一直没甩得掉的邻家小妹，一个屁颠屁颠的跟屁虫。她笑着说："是。可惜没赶得上你那么多的好时光，要不你恋爱的时候我会是个好兵，你干坏事，我站岗放哨。""那你不酸么？"这句话是个良好的开端。她临阵倒安稳起来。"酸又能怎样？"她把眼睛斜睨着，桃花泛滥。此时，两个人，恰好站在一个台子上，打了个平手。她也可以如此的平视地看他，暧昧而鲜艳。"这酒怎么喝？""一对三吧"两个人都好言好语，谦恭善良。

"这个城市迷雾蒙蒙竟然没有月亮。"三杯下肚她的眼渐渐迷离起来。她想起来两个人小时候在妈妈单位的院墙底下借着月光找紫丁香。他比她高，对她呵护备至。他抱起她的小腿把她往上擎："够着了么？够到了没有？"那花在那么冷的北方花期短而少。唯有那个院墙里面有几颗粗壮肥大，每年夏天都会把花开的轰轰烈烈。丁香花真香。小小的喇叭开出硬朗的笑脸。她和他都喜欢。他脾气好，她的意见他统统收纳。

"你的城市没有月亮"她给他斟酒，这是第四杯了，他第八杯。"哦？什么？我没注意""一会儿咱俩出去找找"话语不着边际起来。"你……一切都好？""嗯，不错"日子常常就那么闷着头过去的，回头想想还有什么？不似她的心里到底装了一个细长眼睛的他，而现在的他近在咫尺。"把他拉过来！把他拉过来"她的心这样尖叫起来。一盘沙拉被她戳得满目疮痍，而胃里全是他的酒——热辣，黏稠，沉醉。

"我知道你喜欢我"她正怔着的当儿他投下手雷。"哦"……睫毛低垂着漫不经心……她就是这样的慢半拍，着急，上火。迫切，期望，全都放到了春耕过后。人家收庄稼的时候她便傻了眼。这个时候她其实应该把眼泪放在眼圈里转的。可她偏只"哦"的一声。

他沉稳。"你上次来我便知道了"他笑着，眼睛里是她少见的狡黠。孩子气的模样，让她觉得可爱又心疼。她忽然想把手拿出来，摸摸他的脸。可没敢，她放不下矜持。"怎么发现的呢？""你的眼睛啊，眼睛告诉我。"她笑了，原来自己的眼睛终于有了能量，穿透他的能量。穿透他就够了，其他的又算什么？"

从他卧室的窗台可以看得见月亮，她偎在他怀里的时候他说："这不是有月亮么？"她笑。"因为我突然有了你，月亮也奇怪了，出门看看"他来索要她的嘴唇，她便连忙的给他，迫不及待。为什么还要矜持呢？拒绝我期盼了十年的快乐？她迎合他，并且试图紧紧地把他抓在怀里，仿佛一松手就会从此失去。快乐的下面是深渊，深不见底……没有路可以回头……他进入并且撞击……漫无边际的快乐，仿佛那片丁香花，无数的小小喇叭小小的脸都在伸展着花香……漫山遍野……一望无际。

早上他醒来的时候她正看她。清清凉凉的一张脸，没有妆容，却早已洗过，发束了起来，有几缕正落在他的脸上。絮絮的痒。他翻过身来再一次爱她。她不闭上眼睛，偷偷地把窗帘扯开一个小缝，让他暴露在她的阳光里，似乎是他便从此可以在她的阳光下温暖的爱她。

他们出去玩儿，她牵着他的袖角追他甩开的大步伐。前面，后面，侧面的看他。他仿佛怕她这样会不小心被车和行人碰到。便左一把右一下的向怀里扯他。她的心醉的不成样子，欲仙欲死。

分开了，她回到家，挽起袖子把蒙上尘土的家具擦净。快要枯萎的花浇上水，并放在阳光和风下看它们美好的挺直招摇。汗滴在地板上她似乎并未觉察，皮肤紧致发亮，秀美而安静。

他经常出差，每到一处便邮张卡片给她。她从信箱里取出的时候总是轻轻的读出声来"某地，某景……祝健康快乐"没有落款。她把它们夹在它的书里做书签，仿佛随便开了哪扇门都可以在不经意的时间里撞见他。

每年，他们都可以相聚几次。也有争论。他发脾气她便在一边默默地看。宽心地笑，想着"太宝贵了，宠着他好了……"直到她噼啪地掉下泪来他才把她揽在肩上，额角碰额角的摩擦叹息。"我爱你！有的时候想，不如娶了你算了。可是那多难啊！"她的心刷的被击中，泣不成声。

她讲完这些的时候夜已至深。我和她都把自己深深的嵌在软阔的酒红色沙发里。夜色温存如酒。恰好我们手里正有一杯，唇印依稀可见。她是我的挚友，多年未见。但彼此爱护，彼此心意相通，又彼此保存着各自的秘密。今天，她把秘密交给我，仿佛一棵在秋天被果实压弯的枝条，硕果累累，骄傲却不堪重负。我自然地把它们接过来，似曾相识，举重若轻。

妆早已残了，一半研磨在白天的奔波，一半研磨在酒色的痴狂。我们对着彼此痴笑，从彼此眼中看见最真实的自己。最隐秘的花朵在这夜色里兀自绽放。我不惊奇，不嫉妒，不疑问，也不替她慌张。她的一双眼睛妩媚的微笑着，露出岁月的光芒。是的，我们都不再青春，然而又有谁能阻拦的住我们的爱情呢？

她说："我必须把这个故事告诉你"……"我的身体最近一直在流血"……"似乎每天我都可以恐惧的感觉到生命的离开"她身上穿着粉蓝色吊带短裙，露出姣好的锁骨和小腿。"但愿这只是虚惊一场"……她说，"可是……我多么的难以舍得。"

她掏出一个精致的心形镜子。在夹层里取出一张小照。——军绿色的军装，上面有无数的军章。眼睛细长而沉淀，嘴唇坚毅的抿着，眼神放开很远。

我不评论，因为我知道，每个人的心里都有一个她（他）认为最不平凡的宝贝。那些宝贝似乎是前世的因果和宿缘。是奈何桥上未喝净的断魂茶，是青山古寺里那个修了半世行却始终未能了悟的小沙弥和他的金刚经。

把酒喝净了睡吧。人生和这夜一般，迷茫着半醒着微醉了一场。

我陪她听完今夜的最后一首歌。歌里唱道："不如就这样，掩藏起悲伤……陪君醉笑，三千场……既然是这样，说好要坚强……醉笑三千场……不诉离伤……"

心灵感悟

爱情虽然是美好的，但不能对别人轻易地提起，因为爱情是一种承诺、一份责任。你只要付出，就要承担它所带给你的那份责任。在青涩的时候，每个人都曾拥有过纯真的梦想、纯洁的友谊和美的情怀。在走过那段青涩、迷茫、甜蜜、美好的岁月时，才会有了不同的情怀和各种滋味。

青春本是一道忧伤，而我们却还在演绎着忧伤。带着欢笑，带着泪水，演绎着悲伤。

最远的距离

他对她一见钟情。

他跟她是大学同届同系不同班的同学，在大一新生报道那天，几千名新生排队等候办理注册，他穿着蓝格子衬衫，恰巧排在她后方，从那天起他就对她一见钟情了。四年来，他从来不敢去表达他对她的爱慕，他只能用他的沉默跟陪伴来表达他对她的爱，成为她最要好的朋友。

她参加合唱团的高音部，他则是钢琴伴奏，她在学校谈了几场恋爱，他就成为忠实的听众，她毕业后出国留学，他就在当兵时写了一封封的信件到美国去鼓励她，她回国后没几年就结了婚，可惜新郎不是他。

她不是嫌他不够优秀，也不是不知道他对她的好，只是因为彼此太熟了，她无法想像，哪一天她跟他从朋友变成情人后会是什么样的情况。所以她跟他之间一直在友情与爱情的模糊地带来回摆荡。她始终坚持她跟他之间只是好朋友，不愿正视却依赖着他对她的好。而他却因为缺乏勇气加上一向温吞的个性就这么错过彼此的缘分。在她的婚礼上，他上台致辞祝福她幸福快乐。一个月后，他悄悄瘦了五公斤。从此，她失去了他的消息。

她的婚姻并不如想象中的幸福。因为她个性好强加上事业心旺盛，她根本没有多少心思去经营她的婚姻。加上她以前习惯了他的细心、体贴及陪伴，让她把自己丈夫对待她的方式去跟他的好作比较，她开始怀疑当初怎么会看上现在的丈夫，她开始生气觉得丈夫不如一个好朋友了解她关心她疼惜她爱护她。

一年后，她主动提出了离婚要求。单身后的她在工作上更有活力、在职场上更有魅力，经过几年的努力，她终于在广告界挣出一片天空、占有一席之地。功成名就后她开始觉得生活空虚寂寞、开始怀念他对她的好，可是，她没有勇气回头去找他。因为，她不知道他这几年来过得如何。因为，她不再是以前的单纯年轻的她。因为，她收到了他寄给她的喜帖。

在他结婚前一个月的某个周末，他约她出来吃顿晚饭，她很疑惑为什么他即将结婚，却还要约她出来见面吃饭。那顿饭其实吃得很愉快，他跟她好像回到了学生时代，她唱女高音他弹钢琴。社团的同学、彼此的老师、参加过的活动……许多过往回忆在彼此的记忆间流动激扬，许多的陈年逸事在两人的对谈间重见天日，他跟她都觉得好像回到了那个纯真单纯的学生时代。

"下个星期，我要结婚了。"他放下刀叉，突然冒出这句话。

"嗯，恭喜你。对方一定很不错，才会让你愿意跟她结婚。"

有件事我想告诉你，他的表情突然变得严肃了起来，很久很久以前，有一个男生刚考上大学。在注册那天他慌慌张张地跑到学校的时候，看到注册的新生们大排长龙，他心里又急又慌正在不知所措的时候，有个女生很亲切地向他走来，问他是不是要办理注册。他发现那个女生竟然跟他是同系不同班的同学，他好高兴，觉得这个女生真是善良，是个好人。他发现那个女生有双明亮的眼睛、笑起来有对可爱的小虎牙和酒窝，从那天开始，他对她一见钟情。

可是，他一直不知道该怎么去表达他对她的爱意，她是那么纯真、那么善良、那么聪明慧黠、那么讨人喜欢，他的个性一向温吞又不善言辞，只好默默在她身边陪着她做她的好朋友。就这样大学四年过去了，他准备在毕业典礼那天告诉她：他爱她。

可是她却在毕业典礼的前一天晚上在电话中告诉他说，她要出国念书了。他刚萌生的勇气一下子消失得无影无踪。他心想，毕业后他当兵她出国念书，他实在不忍心挑这个时候向她告白，要她等他两年的时间，所以就等她念完书回国后再说吧。

她出国念书他当兵的那段日子对他来说是最难捱的岁月。不单是因为他不在她身边，而是她在美国认识一个台湾留学生。他知道一个人的日子是很寂寞孤独的，而她又是个怕寂寞的人，所以他尽可能每个星期写信到美国去问候她、鼓励她、替她打气，可是她在回信中除了抱怨在美国生活种种的不方便之外，有很大的篇幅在谈论她在美国如何认识的一位台湾留学生，她在信中告诉他，她又恋爱了。

她在信中告诉他，那个台湾留学生对她有多好、有多爱她，最后她写信告诉他，回国后她准备跟那个台湾留学生结婚。他好难过，事情怎么会变成这个样子？就算他没有亲口向她表白，可是他一直用行动去关心她、照顾她、爱她，难道她就真的完全没有看到他的努力，真的不知道他爱她吗？还是从一开始就全都是他自己一厢情愿、自作多情？当他收到她的喜帖时，他听到自己的心"哐"一声，碎了。

爱比死更冷。他鼓起最后的勇气去参加她的婚礼，看见她穿着婚纱一脸幸福甜蜜的样子，也看见那个台湾留学生、现在的新郎。他本来想看她一眼就先走人，却被眼尖的她瞧见他的出席，磨着他要他上台说几句祝福的话。他人站在台上望着底下坐着的新郎新娘，突然觉得他跟她之间的距离变得很遥远，遥远到她不再是那个在大一新生注册时，在他前面排队等候注册的那个女孩。也不记得他是如何狼狈地逃离会场，只知道他后来在床上整整躺了一个星期，一个月瘦了五公斤。

他决定要忘记她。他向公司办理了留职停薪，一个人躲到日本东京去念书。在那里，他认识了一个同样是台湾去东京念书的女生。那个女生在他最失意的时候鼓励他重新站起来，那个女生温柔细心地陪伴他、照顾他、包容他的过去，那个女生让他重拾信心、再度相信爱情，那个女生后来就成为他现在即将结婚的妻子。虽然他很爱他现在的妻子，可是她在他心底还是占有一席之地。所以他今天才会约她出来见面，告诉她这个故事，一方面把这段他跟她的过去做个结束；一方面把他的心从过去的记忆中解放出来。现在，他终于能够放开对她的眷恋，全心全意去爱他新婚的妻子。

她听完这个故事后沉默不语，只能礼貌性地恭喜他终于找到了他的幸福。她跟他举杯祝福彼此之后，她就推说还有点事要先走了，他要送她回家，她不肯，她要他赶紧回家多陪陪他的老婆。在回家的路上，她不由自主狠狠地哭了起来，完全不理会脸上糊掉的妆跟计程车司机投来异样的眼光。她所有的坚强自信在那一刹那全部崩溃，她一直都告诉自己，他是她最好的朋友，什么话都可以对他说。她有时候觉得她跟他的关系好像是相恋很久的恋人，彼此有着完美的默契。她心底其实一直在等待着，有一天他会对她说出那三个字："我爱你"。她心底一直不能原谅他为什么不会像其他男生一样，主动积极地去追求她。她一直矜持觉得女生应该等男生来追求，而不能够主动去追求心仪的男生。

错过了，一切都错过了。缘分就这么与彼此擦肩而过，再怎么不情不愿不甘不舍，一切都结束了。是她自己放弃了他的追求、是她不懂倾听他的沉默、是她不相信自己的心、是她忽略了爱一个人其实是有很多种方式、是她在心底要求他为什么不说出他爱她的时候，她其实已经深深地爱上他了。错过了，就再也不能够回头、无法回到过去重新开始。一切都是她自己造成的结果，再怎么后悔伤心难过怨怼都已经来不及了。

世界上最遥远的距离，不是生与死，而是，我就站在你面前，你却不知道我爱你。

心灵感悟

爱是漫漫寒冬后的春风，爱是炎炎夏日的小雨。最浪漫的爱是得不到的。

最浪漫的情话，是那个暗恋着你的人打电话来问："你好吗？"

你稀松平常地回答："我很好。"

而其实你也爱着他，你一点儿也不好。

男人伪装坚强，只是害怕被女人发现他软弱。女人伪装幸福，只是害怕被男人发现她伤心。

伪装过后，心便相隔万里——世界上最遥远的距离，不是生与死，而是，我就站在你面前，你却不知道我爱你。

暗恋情歌

我怎么也不敢相信，站在我面前的这个半老头就是苏槿。

领我来的人十分恭敬的敲了敲门:"苏总,叶小茜来了。"

总编的办公室很大,里面显的空荡荡的,只是靠窗有个大大的老板桌。外面的斜阳从对面高大的玻璃墙上再折射过来,有种陈旧的感觉。宽大的老板桌上有一盆文竹,浓绿而茂盛,盆沿有一溜烟蒂,大概十来支的样子。苏槿抬起头来,用手推了推滑下来的眼镜,另一只手上夹着支烟,隐约可以见到星星的红光和细小的一缕青烟。

"啊呀,咱们大才女来了啊,欢迎欢迎。"苏槿顺手把没吸完的烟往文竹盆里一按,"嗞——"一声,像极了我此时的心,一下子抽紧。

苏槿向我抻出手来,他的手还是那般厚实而温软,只是,满脸上的沧桑,一点也找不到二十年前那种样子了。

从小我就不是一个乖孩子,高中毕业连续两年都没考上大学,谁叫我是家里的独生女呢,所以我是不会去像别的同学一样随便找份工作去做的。第三年的秋天,我又夹上书去复读了,但我死活不愿去原来的学校。虽然那是一所重点中学,可是升学率再高,也没我的份儿。于是我就来到了这所学校,那年,苏槿刚大学毕业,教我们班的语文。

上课的预备铃响了,可是他并没有进教室,因为他手上的烟还没抽完,他侧身倚在栏杆上,微眯着眼,深深地吸了一口又一口,吐出来的淡淡青烟,缠绕在他脸的周围,迟迟不愿散去。最后,他狠命地吸了一大口,然后把烟蒂抛了出去。

那动作有一种依恋,有一种不舍。这个动作久久地保留在我的脑海中,日久弥新。直到有一天苏槿让我们写作文,题目"一个难忘的人",写好之后,我发现通篇写满了我对他的爱恋和痴迷,可是我不敢把这篇作文交上去,生怕老师知道了我的秘密,那是一种懵懂的爱,青涩而纯真。

于是,我偷偷地改学了文科,只是为了能多听他的课,我不再逃课,我知道他常常喜欢给成绩好的学生开小灶,我把所有的时间都花在了学习上,成绩突飞猛进。终于一年后,我考上了他曾经就读的大学。四年后,我放弃了更好的工作,重新回到他执教的中学,只是为了能和他在一起。在我报到那天,他正好来学校办理调动手续,他去了报社,做编辑。

我们没有遇到,错身而过。

有些事情就是这样,你明明看到了希望就在眼前,仿佛触手可及,可

放飞
——有一种勇气叫放手

青春励志

是你却总是晚了一步，再回首，我在此岸，他已到彼岸。

毕竟只是少年时代的一次暗恋，本来也应该忘记在过去的，却因为偶然的一次翻阅报纸时，又一次的看到了他的名字，此时，他已是这家报社的副总编辑了，不过文学版的编辑仍然还是他。每次去阅览室，总是先找出这份报纸来，然后打开，寻找他的文章，还是很喜欢看他的文字，看多了，也就想写点什么。好像有许多的话，一下子就找到了倾吐的对象。看到我的文字经过他的编辑，发表在他的报纸上，心里有种甜滋滋的感觉。

他教过的学生那么多，当年我又是个很不出色的学生，叶小茜对他而言，只不过是一位普通的作者，这倒是有点像在捉迷藏，不过只有我在藏。我以为我会一直这样藏下去的，不会现身。没想到，他发邮件给我，说想为我发一个专版，希望我有空能去一下报社。

时隔二十年，我还是见到了他，看着眼前的苏槿，我想，如果换一个地方，我一定认不出来，这个头发掉了一半的半老头，就是那个曾让我魂牵梦萦，暗恋多年的苏槿老师。

暗恋是一首歌，正是因为对他的那份暗恋，我才会这样一路走来，在我的心里，苏槿，永远还是原来的那个苏槿，岁月，不会让他改变。

心灵感悟

暗恋是很美好的存在，就像一首歌，些许旋律就可以吟出诗歌般的篇章。把暗恋唱成一首歌，缓缓流淌在心间，留下满满香草巧克力甜甜的味道；想把暗恋唱成一首歌，留在心底，记下那一片片属于自己快乐和幸福……

我怎么会不爱你

上了大学以后，天的颜色好像都变得比以前蓝了。宿舍的窗外是长满银杏树的街道，早上会有好多金色的叶子落在阳台上。那时候，我18岁，是一个喜欢银杏树、喜欢蓝裙子、经常坐在阳台上看小说的女孩子。

常常和同伴去外面的超市买950毫升的牛奶和漂亮纸口袋装的话梅，

然后一边吃着冰淇淋一边踢着黄叶子走过暮色初起的街。因为我决意要做一个散漫的人，所以过着无所事事的读书生涯，心理时常充满莫名的忧伤。

因为心理的忧伤，我便喜欢一个人。我也不知道怎么会注意到他，只是有一段时间，我总会遇见他，看到他不经意地从我身边走过，或是在同一个场合出现，我都会很紧张。

坐在图书馆的阅览室，笔直看过去，又是他！那么一双的闪亮的眼睛，不怀好意却又那么英俊，我知道男人不应该靠一副脸容取胜，但我实在是被他的容颜征服。那眼睛，可以看牢一个人，一眨不眨，黑眼珠的颜色深浓，白眼珠却是残酷，睫毛更有一种羞涩的意思，他太奇怪了。我喜欢他。

1997年4月25日傍晚，我坐在阳台上的时候，忽然他从下面经过，他穿黑色T恤，戴一顶鸭舌帽，帽子反着戴，把鸭舌头遮着后脑勺。他手里抱着一个球，像个小流氓似的悠闲地走向远处的篮球场。我的蓝裙子被风拂动，我的心惆怅地融化了。

我便跑去篮球场，远远地看着他与别人打球。他们都是男生，有几个人注意到我了，便互相转告，大家都看我，他也几次回过身来，但是他没有表情。

他们并没有起哄，只是认真地打球，我突然觉得自己又土又傻，便走了。

我决定忘记他。但是转眼机缘又来了，开运动会时，我又看见黑色T恤的他，他反戴的帽子，小流氓似的走路姿势，淡漠的神情。那一天，我和好朋友一起走，我告诉好朋友哪个男生我喜欢。

她了看他，对我说："看起来不像好人吧。"我说："对。"我们尾随他到了他们班的位置，我这下看清楚，他是计算机系的，比我高一年级。

从此我对计算机系的人印象特别好，看见他们便微笑，真是爱屋及乌，而且也时常修习自己的言行举止，立志做到不论何时遇见他，都要他看到一个完美的我。我还设想很多与他相遇的方式，比如我抱着书从教室里出来，他一下子撞到我；或者某天穿一条美丽的裙子，他注意到我；或者，我被车撞倒，他正巧经过……

但是我设想的事情都没有发生。真正的相遇很简单。那天我在图书馆又看到他，我们俩，只隔着一张木桌，我便写了纸条，而且也没有任何修辞，只是写上我的名字，说想和他交往。我不敢看他，把头低在书上。然后，当我抬起头来，发现他已经走了，当时我真是好后悔，被拒绝的滋味是有一刻甚至想自杀，我便扶在桌上，想哭又哭不出。

到很晚，我才走，整个人像被雨淋湿了，无比的颓丧，然而，当我走到大门口时，我看见他正坐在台阶上，他转过身，看到我，笑了，说："笨蛋！"我惊喜的差点跳起来，然后他牵起我的手，把我送到宿舍门口，然后他向我要我的图书证，把里面的一寸照片撕下来，放自己的口袋里，就走了。

我们在约会，我特意穿上为了见他才买的新裙子，我想他一定也感觉到我这么隆重的出场是为了什么。他笑了笑。我没走到很远的地方，回来时他把我提到过的东西，比如侦探小说、他的照片、张楚的歌，全都拿给我。

紧接着我们系去承德考察，我便日日夜夜思念他。到陌生的城市，看到好的东西都想买给他，觉得每一首情歌都是在描述我们。买了好吃的无花果，这种外表丑陋却无比甜蜜的小果实，有许多细小的子粒，我回来时，和他一起去看电影，就吃无花果，吃得两个人又快乐又难受，这便是初恋的滋味吧。回来的路上，走过一棵大槐树下，我们互望对方，他的眼神看起来又不怀好意了，但是我忽然笑起来，想到两个人满嘴无花果子粒，怎么能够接吻呢，我便转过头去。

我问他："欧阳梓，你爱我吗？"

他说：不知道，不清楚。他只是用眼睛看着我，笑了笑。后来有一天，他找到我对我说，他原来的女朋友回来了，他和她在一起。当时我站在他面前，并没有像电影里的女孩子那样优雅地给他一巴掌，我气得抓起地上的石头打他。他的胸口中招，但是没说一句话，只是沉默地走了，倒是我哭哭啼啼地受了很多伤。

我又恢复到散淡的读书生涯里去。他再没有让我见到他，是啊，还有什么见面的必要呢？像他这样的人，我应该有所预感的，他怎么能一生只有一个女孩？而我需要的是温厚持久的爱情，与他能给我的恰恰相反。那天下午我坐在阳台上看书，忽然流下眼泪来，时间过的很快，他毕业了。

正是毕业生离校的日子，宿舍里很乱，有些人在哭，有些人吃东西，有些人去上自习，就在那个晚上，他忽然出现了，那晚我们寝室只剩下我一个人,他推门便进来了,一句话也没说,就把我拎了出去。

我们走到电影院的那棵槐树下,他一把将我推倒在树干上,然后说,秦榛,我想亲你。我没有挣扎,只是轻轻闭上眼睛,问他一句:"欧阳梓,你爱我吗?"那时我才发现,其实我一直很不争气地爱着他。他的呼吸喷在我脸上,进在咫尺,却忽然远去。他放开了我,没有回答我的问题,只是对我说了一句:"笨蛋。"

这次之后我想我是死心了,我忽然会聪明地分析起我和他的关系了——我只不过是他寂寞时候的一个玩具,他对我只不过是戏弄戏弄。这样想着,我也到了毕业的时候,我有了男朋友,是校长的儿子,因为他喜欢我,而他爸喜欢他,所以我们都留了校,并且很快将要结婚,住进那四室两厅带有花园的小楼里。

我的生活安逸无聊,只需要每个星期一去教室点学生的名字,把没有来的学生名下画个红线,也不会像别的辅导员那样想办法整顿,我是个出了名的软弱派,很受学生欢迎。

时间过得好快啊,转眼间,又一批新生来报到了,系里开学生大会那天,我在很多人的名字里,忽然看到欧阳权三个字,当我点到他,他站起来,我惊呆了。

当然不是欧阳梓的复制。小权是小权,是欧阳梓的一个远方亲戚,一个活泼的爱说话的孩子,他告诉我欧阳梓现在很幸福。

我便这样通过小权打听到欧阳梓的情况,我知道这样做是不对的,但是我无法控制自己,再后来我出差的时候,就去了他的家乡。

我按照小权给我的地址,来到欧阳梓的单位,他看到我,冲我笑了笑,他从办公室走出来,阳光洒了一肩,我们只是无话可说,他最后带我到他家里吃饭。

他们已经有了一个孩子,生活很好很平淡。他妻子显然不知道我与欧阳梓的从前,待我很热情。吃完饭,我该走了,可是,多年前我想到的一句话和一个吻,却始终未得到。

有时候我是很执拗的,我让欧阳梓送我。走在路上,我问他,欧阳梓,你到底爱不爱我?你为什么要变成这样?他忽然急了,说:你要我说什么呢,我大学时弄大了人家的肚子,总不能不负责任吧。我一辈子只爱她一个人，已经决定了！我根本不爱你。

我们就这样很淡的分别了。回去后，我开始张罗结婚的事。

人们说，大多数人的初恋都是失败的，我也不过是个平凡的，又怎么会幸免呢？

这是2000年3月，一个春天的下午，学校大扫除，我经过教室的时候，一年级的同学突然大声叫我，他们把我拉到一张旧书桌前，那是一张很旧很旧的木书桌，放在教室最后一排，已经被蛀虫咬得酥散了，可是那上面的字却依然清晰，我看到了我的名字，和一些歪歪扭扭的字迹：榛生，但愿你永远也别看到，如果你看到了，我就不会安心地过完下半生了。我爱你。我怎么会不爱你呢。我只是很后悔自己做错了事，它带来的惩罚就是让我永远不能去吻我真正爱的人，也不能与她生活在一起。

后面，有一个大大的唇印，印在另一张红色圆珠笔画的唇印上。

同学们鼓起掌来，我在孩子的善意里也笑了，"这是谁的恶作剧呀。"我说。但是转身却流下了眼泪。

心灵感悟

相信爱情可以令一个人改变，是年轻的好处，也是年轻的悲哀。

浪子永远是浪子。最不宜结婚的是浪子，因为他的不羁；最适宜结婚的也是浪子，因为他的魅力。

往往不是女人改变一个浪子，而是女人在浪子想改变的时候刚好出现。

半个吻的约定

天色黑了下来，我和梁昭面对面地在窗口坐着，并没有想到去开灯。城市的喧闹已化作一片黛色剪影，宝蓝色的天幕一下子暗淡下来，仿佛是谁往那莹莹的蓝色里兑了一些墨汁。

"你怎么不说话？"我问他。

这时他拿出一只精致的小盒子来："这是给你的，雾旗。"说着，他看也不看，便把那盒子平推到我面前。梁昭一生认为，男孩子给女孩子送礼

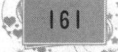

物是很羞的一件事，有点"娘娘腔"的意思。况且那时我才上高二，很多事情并不真正明白。梁昭曾说过，雾旗是世界上最善良的女孩，也是最糊涂的。我知道我功课不如他好，书也不如他读得多。

梁照是从清华退学的，他将随母亲移居到加拿大，明早的飞机票，从前以为我和梁昭之间还有无数个"明天"要来，没想到"明天来得这样快"。

"你为什么不把那盒子打开？"

梁昭说着话，就只是一味地害羞，两只眼睛飘忽不定地看着窗外。窗外是黑黢黢的，并没有什么可看的。我从没见过像梁昭这么害羞的男孩，他在校队踢前锋，从来都是勇猛过人，大力拼杀，可每当和我在一起，就总有一种讷讷的神情，我弄不清他究竟想说什么。

梁昭把精致的丝绒小盒打开道："这是送给你的项链，据说这粒鸡心会变颜色，也不知道是不是真的？"

那时我还从未戴过项链，十分好奇和新鲜。我接过那根细细的链子来胸前比画一下，发现那只鸡心形的小坠儿只有指甲盖那么大，十分玲珑可爱。那宝蓝的色泽，正配我连衣裙的颜色。但我不愿让梁昭看出我是个从没戴过项链的"小孩"，就只好掩饰着说：

"它可真美，让我把它好好珍藏起来，等它变了颜色再戴。"

"那么就是说你喜欢喽？"梁昭兴奋地抓住我的手，"它会变成血红色，像胭脂一样，不过得等上一段时间。"

我抬起头来问他："要等多久？一年，两年……？"

梁昭用力拍拍我的肩："不会太久的，它很快就会变红，到时候我就来接你，你一定要等我回来。"

"加拿大有多远？"

"很远。不过到时候我一定会回来，相信我。"

一道雪亮的光线打断了我俩的谈话，梁昭的母亲走了进来。"咦？你们怎么不开灯？"

梁昭赶紧把那只盒子用手边的报纸盖住，不让他母亲看见。梁昭是跟他母亲长大的，我从未见过他的父亲。

"阿姨，那我就走了，明天一早我就不去机场送你们了，学校快要考试了。"当着大人的面，我只好这样故作淡漠地说。阿姨说不要紧的，东西全都收拾好了,你们再聊会儿吧。可我还是走了。

电梯里只剩下我和梁昭两个人,镜面一样的墙壁映着两张年轻稚气的脸。

"可以吻你一下吗?雾旗?"我听到耳边的人呼吸急促地问。我感觉到他的心跳和我的心跳合二为一,他的手是那么温柔地揽住我的肩,就在这时,电梯的门开了,外面射进刺眼的光线。

就这样我未能把我的初吻献给梁昭。但他送给我的那条古色古香的项链我一直藏在枕头底下,夜深人静的时候我经常爬起来偷偷看着那枚鸡心,看它变没变颜色。我从来也没见过如此美的蓝颜色,它使我想起梁昭走的那个傍晚,天色也是这般宝蓝,梁昭说有一天它会变成胭脂红的,到那时我们俩就会重新见面,只是不知道要等多久,一年,二年?我们只有"半吻之约",半个吻能维持的情感究竟有多久,我不得而知。

后来我考取清华梁昭那个系,系里的老师全都记得那个聪颖过人而又半路退学移居国外的小伙子。有的老师甚至替他惋惜,认为他该完成学业后再到国外去,我怎么当时没有这样劝劝他呢?都怪自己当时年龄太小,还不懂得生死别离。我和梁昭一直通着信,我甚至把我清华录取通知书复印了一份给梁昭寄去,我真是乐昏了头了。

梁昭的信,也写得十分有趣。也描写风景,会说"碧波荡漾,好像一池上下窜动的带鱼"。总之什么都有和吃有关,还说他学会了开车,"车开得像流星一样快"。这种句子让我联想很多,我回信说绝不允许他开快车,在我大二的后半学期,梁昭的信忽然变得越来越少了,终于,我们断了联系,我一连数十封信写给他,没有回信。我从枕头底下拿出那只精致的丝绒拿子,在灯下细细端说那根项链,我发现宝石的颜色依旧是蓝莹莹的,什么"胭脂鸡心",二年多都过去了,它为什么还不变成梦中的红色?我把它扔进抽屉,上了锁。

我开始和别的男孩约会了。有时会跟人到湖边去一直坐到天黑,只是从不许男友吻我。有时想想也许梁昭根本不记得我了,半个吻算得了什么?现在连婚姻也不见得是爱的承诺。在我大学毕业那天,宿舍中昏暗暗的,正乱着。大伙儿都在收拾东西,准备大逃亡似的。我无意中想到抽屉里的项链,心里硬硬的仿佛咽了一块化不了的东西。

"雾旗,电话!"

我听到楼下有个女生在喊,下楼的时候不知怎么,心跳得很快。我跑回来以最快速打开锁取出那条项链,竟意外地发现那宝蓝的坠儿真的开始变色了,映着我的大红裙子,蓝中透红。

一定是他回来了,梁昭在电话里说,他在电梯里等我。梁昭还是老样子,只是高了一些,瘦了一些,他告诉我他中途出了车祸,所以后来就不再写信给我了。

我说:"梁昭,你现在可以吻我了吗?"

耳边响起当年那个人急促的呼吸声,门开了,我们面前站着他美丽的太太。其实我真傻,"烟脂鸡心"根本不存在,那只是一种光的折射罢了。我把项链还给他,低声对他说:"梁昭你欠我半个吻,恐怕要欠一生一世了。"说完,我便头也不回地走了。

心灵感悟

爱情,是一种甜蜜的幸福,也是一种奢侈的幸福。

有人说,幸福的秘诀就是抓准爱的节奏感,什么是爱的节奏感?就是随时提醒自己的节拍,踩稳步伐,该停的时候停,该走的时候走,该进的时候进,该退的时候退。

能够倾听自己内在的声音,了解对方的感受,所谓爱的节奏,就是要靠双方共同去调整,才能够共同掌握。

人生,没有绝对的圆满。让我们用宽容的心,去补足了那些缺憾,让人生尽量圆满。爱是两个人的事,当爱来临时,两个人要同时打开心门。

第六篇

永远的红手帕

　　一天又一天，一年又一年，不知不觉的慢慢长大了，不知不觉的慢慢成熟了，"还记得年少时的梦吗，像朵永远不凋零的花，陪我经过那风吹雨打，看世事无常，看沧桑变化。"雕栏玉砌应犹在，只是朱颜改，蓦然回首，已度多少春秋。而那段往事，仍清晰地好像发生在昨天。

约定

  那是一条只属于枯黄的落叶和你我的街，很幽静，也很有所谓的诗情画意。两年前的今日，还是在这个秋风飒飒的季节，苍茫中，你与我不期而遇，留下那双令人百思不得其解的双眼，羞红着脸飘然而去。两年后的这时，只有一个孤寂的我再次重踏上这条已被冷落的街，痴痴地遥望远方的碧空。

  落叶依旧被秋风吹起，或许那是你在实现那个尘封已久的两个女孩曾经有过的两个约定……

一

  至今依旧清晰记得，那年的落叶出奇地红，没有了昔日的悲伤与无奈地衰老。只是如同一位女孩的脸蛋儿，绯红绯红的。

  当失落的我走上那条熟悉的长街，被许许多多的不理解与众人怪异的目光搅得心慌意乱之时，不经意间瞟过了那张石凳，发现了蜷着满是伤痕的腿正入迷地低头看书的你。书很厚，是一本颇有些破烂的名著，是一本我最喜爱的书——《钢铁是怎样炼成的》。你专心地看着，一只手还不时抚摸身旁颜色有些暗淡的红书包，总是将它紧贴在自己的怀中，那或许是你的至爱吧！

  街上的人并不多，但也不乏坐在河边的石凳上默读手中新书者。突如其来，一种难以否定的直觉，让我不可名状，你是不寻常的。我诧异，诧异自己的感觉，也诧异你的存在。

  "你在这干吗，不回家吗？"我知道自己有些冒失，可还是把话说出了口，等待着一个陌生女孩的回答。"我……"你欲言又止，惊恐间抬起了头，让我发觉，你是个漂亮的女孩。你那双明亮的眼睛中隐隐有着一种忧虑，似乎心事重重。沉默几秒钟后，你蜡黄的脸开始泛红，头又一次低下去，双手不自然地摆弄着黑脏的衣服上胸前小小的破洞。你害羞地转过了头。一把拎起红书包，把书夹在腋窝下，匆匆离去，跑向街的尽头。

我愕然了，你远去的身影使我突然醒悟，你有难言之隐。夜色渐渐降临，那条街上也有着同你一样的郁闷。

二

还是在那条街上，还是在那条河旁，也还是在那张石凳上，我满腹疑问地在等待一个并不相识的女孩的到来，昨夜的奇遇让我久违的好奇心跳跃，我期待着水落石出。

的确，你，又来了。这是一个多雨的季节，秋日的安琪儿总爱穿着最延绵的长裙，让树叶，让石凳，让雨中的你我披上一层薄薄的露。你来了，还是如获珍宝般抱着红书包，还是拿着奥斯特洛夫斯基的著作，还是害羞地走来，唯一改变的是脸上多了几分令人不易察觉的欣喜，你的眼神告诉我，你并不想躲避。

雨季总是淡淡的，但更多的，是一种温馨。

"又来了？还看那本书吗？"我确实是明知故问，可或许我俩之间的话题仅此而已。

"嗯。"你点了点头，将那本已看了大半的书郑重其事地翻开。你的寡言少语让平日最能搞笑的我无所适从。

"能和我谈谈心吗？"意想不到，真正的出乎意料，一场难堪的场面过去之后，你信任的目光竟充满恳求，恳求一个与自己毫无关系的女孩谈心。我慨然答应，但为的仅仅是解开心中的谜。

你开始哽咽，正如秋雨姗姗，双目噙满泪水，你哭泣着，如潮水般发泄着对后母的怨恨。在那条已无人的街上，好凄凉、好悲哀。你似对一位知心朋友诉说着那个令你失望的家庭——与你同样可怜的妹妹和无用的父亲。我第一次发现，你忧伤的眼睛中，还有愤恨，还有对曾经拥有过的多彩春天的梦想和叹息。

缘分，相信萍水相逢。在一切平息后，你开始讲述心中的灿烂，说到书，说到梦，开始像每个女孩一样将思绪抛向缥缈。诧异，彼此同样编织起成为作家的金色梦环，你仰望秋日最蔚蓝的天空，幸福地想像有朝一日的著书，而后在扉页上留下"落叶"的笔名，再而后像舒婷的诗一般让人依恋。

"落叶"？是的，那是最爱，因为孤寂与珍藏，你面对纯文学的渐衰而叹息，而我却为"新人类"的诞生而欣喜万分，当试想"落叶"与"安妮宝贝"对擂，你笑言，流行的永恒是儿时的童谣。

及至临别前，你才不经意的一句"我要离开学校了"，甚至让我无法反应，忘记察觉你内心的苦楚。

晚霞染红了天那边美丽的落叶，它没有为自己被世人冷落而悲伤，而是用自己最后的生命学着顽强，点缀着这个世界。

夜很黑，但我相信，明日的太阳正在孕育，终会升起。

三

这是一个橘黄色的梦，梦中的你我在那条飘满落叶的金毯上相知、熟识，梦中的你我也总爱一起捡数落叶，寻找着共同的橘色梦幻。从此，每到红日落山之时，我便瞒着父母，在幽静的小凳上散步；从此，我带着锁的日记本中，总记着你我之间的故事。这或许是一个不为人知的梦。记忆中，那个秋季里，你我还是在石凳上，彼此为对方的成功祝贺，彼此安慰对方的失败。我至今依然清楚地记得，当你看到我作文第一的红色奖状时，那不知道是羡慕还是失落的双眼。你拉着我的手，约定今后一定要成为作家，让世人震惊。你如饥似渴地读着我为你带来的名著，我知道，你想同我一样，与梦想拉勾。

风儿好温柔，诉说着乐与痛。

四

这是那年秋季的最后一天，已有些凛冽的寒风刮着我冰冷的脸庞，我不敢相信，可也不得不相信，眼前的转学通知书上写着我的名字。

金秋已将至尾声，枯干的树叶中预示着一个无情冬季的到来。天空不再晴朗，如同我对未来渺茫般的空荡。不知不觉的，空中又飘起了雨丝，发觉离别是一种痛，秋日私语终会成为尾声。

又一次走向那条大街，却一反昔日的兴高采烈。我不知该如何面对你那双留恋的眼睛，更不知该如何说出"再见"二字。那也许是一场永别。你跑来了，飞奔向我，好似从未见过母亲的孩子见到了久违的妈妈。你还是抱着那只红书包，幸福地来到我木然着的身边。

"我要走了。"我不安地说,"随父母离开这儿,去上海求学。"

"为什么?"你摇着头,那个满是笑容的脸霎时苍白,你不住地拉着我拼命地甩头,你不信!

我无言以答,像木桩般竖立在那儿,只是任凭热泪顺着脸颊潸然而下。"啪"你的书包落地了,你瘫软般坐在地上,悄无声息。你抬头望着我,勉强露出个笑容。"祝贺你,终有一天,在那个充满机遇的地方,你会成功的。"但实实在在,笑得很牵强。

不知为何,我呆若木鸡。

平静,安静,寂静,死一般的静,没有哭声,独有寒风吹得落叶簌簌作响的声音。冬天,到了。

"来个约定吧!约定明年的金秋你再来这里,来相聚。"你强忍欲坠的泪水,跷起了小拇指,我答应了。

"拉钩,一百年不变……"没等她放下,我已回过头去,甩开手,奔向街的尽头,我已泪流满面。

直到夜幕降临,当我蓦然回首,依旧发现那个瘦弱的身影在晚风中伫立。

雨依旧下着,不知是否是你的泪……

五

都市中来往的汽车扬起的尘土让人晕头转向,南京路上喧闹的人潮让我懂得幽静的宝贵。我甚至厌烦这儿的一切,莫名地怀念起故乡的那条长街,那个女孩的故事。

我盼望秋季的到来,盼望在落叶满地之前能够再次与那个女孩相约。我明白,都市的紧张,都市的快节奏同我格格不入,只有在那条长街上才能寻找到自己,寻找到自己的伙伴,自己的心语。

我期望着。

六

秋,又姗姗来迟了。踏着轻盈的脚步,闪烁着姑娘的俏影。在红叶映衬中,在晚霞之中,还是在那张石凳上,我等待着女孩的到来。

出乎意料,女孩并未出现,直至天色微黑,长街上,那个抱着红书包的身影却没有向我奔来。只是不远处一个从不熟识的女孩站立着,也是那么瘦小，那么弱不禁风，她似乎是有些迫不及待了，不时瞟过周围的人群。隐隐的，我有了一种不祥的预感。

"小姐姐，你是在等人吗？"女孩试探着问，从她那涨红的脸上，我知道她是鼓足了勇气。

我点点头，诧异地望着她。女孩欣喜若狂，递上了一张字条。

"小姐姐，认识我姐吗？"她歪着脑袋，见我点头，将纸条塞到我手中。"小姐姐，我姐死了，她早就知道自己得了病，可她却一直不告诉大家，她死了，临死前还再三嘱咐我转告你。"她哭了，很悲哀，也正如同女孩哭泣自己身世时的无助。

纸条揉得很皱，展开它，有着一行清秀的字："还记得落叶吗？对我而言，那只是一个梦吧。期待约定的实现，同样期待成功的那刻，祝福你快乐，约定成真。"

我木然了，只觉得天旋地转，只觉得头昏目眩。我不敢相信也不想相信，只是一切无法改变。

你没有死，我知道，在世界的另一方，在星空的那一角，闪烁着你的身影，你的梦想，和那个——约定。

秋风飒飒，传来那首熟悉的周蕙的歌："你我约定，难过的往事不许提……"落叶，是你的化身。

后记

×年前的作品，已尘封许久。或者说像一首歌，有些虚幻，有些老套。但只想说，是在追寻曾经的梦。

心灵感悟

帘卷西风中，谁说那一瓣落花没有和春天的约定？她也许约定了流淌的小溪春光里不见不散。踩着古诗的韵律，送别落叶，回程中，怎么就不可以遇到二月春风剪出的嫩叶？

时圆时缺的月儿，从容地来去，注目着人间的悲悲喜喜、是是非非。也看惯了成败祸福、聚散离合，只是不愿向世人一一道明。痛心时，索性就隐去云后吧，抹一把泪还怕你看见。月亮和美好有个约定。

满是褶皱与尘埃的大地，豁达着心胸，静静地坐着。张开的双手接纳了一切崇高与卑微，只是在看到不公时，叹一口轻风；碰见冤屈时，发一声怒吼。大地和正义有个约定。

人与人之间，是否也有一种无形的约定？

永远的红手帕

琼是我们班上最漂亮最活泼的女生，自然就是我们的"班花"了。那个星期六晚上，我们全班在班主任主持下，玩起了一个老游戏。

在朦胧的月光下，全班同学来到操场上，面向内背向外地蹲成一个大圈，然后先由一名女生围着外围慢跑，并在跑动中把一方手帕随意丢在某一个同学背后……

班主任让琼第一个出场。

琼摸出一方粉红色手帕，在朦胧月光下，红裙飘逸，像个女精灵般慢跑起来……

可她跑完一整圈，却没"逮住"那受罚者，手帕也不见了踪影。琼也记不准丢在谁背后的。"怪了，谁捡了手帕，别恶作剧了！"除了班主任严厉的声音，操场上寂静极了，大家十分尴尬。

整个星期六晚上强都没睡——他在昏暗的宿舍里一直写到早上。第二天一整天，他都显得心神不定，见着我时竟像个乡下姑娘似的羞红着脸，说起话来语无伦次结结巴巴。下了晚自习，他一把将我拉到操场边上。在黑暗中，他终于鼓足勇气："班长，拜托了，你知道我不善交际……"嗬，一封给琼的信！

我照办了。

琼没看完信，只哧哧地笑笑，摇摇头，便把信塞还给我："请别管闲事，班长大人。"

转瞬间这已成为40年前的事了。

如今琼和我们曾一起玩过丢手帕游戏的男女生们，都已成家立业，养儿育女，继而两鬓微白，步入了老年的行列。

青春励志

放飞
——有一种勇气叫放手

筹备已久的同学会是一次不寻常的聚会，主持人就是我。虽然老校长已经"作古"，但年轻校长、教导主任、特邀教师和我们几十位老同窗，可谓济济一堂，确实显得十分隆重。

对这次同学会，强显然非常重视。他穿一件灰色西服，系一条紫色领带，稀疏的头发修剪整齐，显得十分精神。一坐到我旁边就兴奋地东张西望，似乎在寻觅什么。

琼坐在会场的右后角，她穿一件紫色休闲服，烫卷的发下那张略显苍老但风韵犹存的面庞，仍然一下子能让人想起40年前的"班花"风采。

会议进入自由发言自由交流，由于一种朦胧的积聚已久连自己也无法说清的意念作祟吧，我碰了一下旁边的强："琼十多年没再婚呢。"

"我知道……"

"怎么样？拿出点儿勇气来，像个男子汉……"

他犹豫了一下，然后笨手笨脚地从兜里摸出一封信和一方粉红色的手帕。"班长，拜托了，你知道我不善交际……"

我感动了，感动得像个孩子。

于是我就像个孩子一样，怀着一种可以感动上帝的信心和冲动，激动地站了起来，向着整个会场大声地说：

"同学们，这封信是40年前张强同学写给李琼同学的，这方手帕是40年前李琼同学丢给张强同学的，现在是物归原主的时候了……"

当我把信和手帕送到琼面前时，她眼里噙满了泪水。她的眸子虽然有些昏暗，但却闪烁出一种黑宝石般的光芒——我看得出，那是一种幸福的光芒。

玉树临风，冰清玉洁，衣袂飘飘，长歌激越，多么美妙的词汇，这些属于青春，属于"强"和"琼"。属于感动，属于大大小小、老老少少的孩子们。

心灵感悟

花季年龄的少男少女，必然要经历朦胧的恋爱阶段。回首往事时，蓦然发现，错过的青涩只有在现在品味，才有那样的甘甜。

爱吃薄荷糖

莫朴树和倪小麦第一次见面是在大学的开学典礼上，男生和女生的新生各选一个发言，莫朴树紧张得不行，背了几百遍的稿子忽然在脑子里一片空白，他转头看了看身边的倪小麦，梳着马尾正在吃一种什么东西，那时校长正在讲话，"庆祝我们这几十年的著名学府又注入了新鲜的血液。"

莫朴树问倪小麦，你不紧张吗？

倪小麦就摸出一片薄荷糖来，吃一粒，又凉爽又镇定，莫朴树接过来却没有吃，这个时候还吃糖，真有些说不过去，轮到他说的时候他腿肚子差点转了筋，到底是照着稿子念了，而倪小麦是空着手上去的，侃侃而谈，赢得了一阵阵掌声。那次发言之后，他们同时进学生会，每次见到倪小麦，总是吃着薄荷糖，她嘻嘻笑着，小时候我得过蛀牙，所以，一直要口气清新，然后她像小孩子一样呲开牙，你看看我牙长得多难看，一口暴牙，我妈说将来没有男孩儿会喜欢我这种牙。

莫朴树就笑了，摸了一下倪小麦的头发说，从前巩俐也是一口暴牙，后来，她成了国际影星，不要灰心，总会有人爱你的。

后一句他没有说，那一句是，比如我。

其实是一瞬间爱上倪小麦的，但她总是胸无城府的样子，对着莫朴树哈哈大笑着说，你说我们班有一个长得和葛优一样的男生还好意思给我写情书，还有我中学一个同学，也千里迢迢从天津来找我，说是从13岁就爱上我了，哈哈，13岁我还流鼻涕呢。莫朴树就跟着她一起笑，他想，这个黄毛丫头，实在是不谙风情的，也许大些就好了？

而莫朴树也是在那次发言上喜欢上了这个羞涩的男生，白白的衬衣天蓝的仔裤，笑时，露出两排好看的牙齿，很多时候，爱情的发生只是一个瞬间而已啊，当晚会上他抱着吉他唱高晓松的歌《白衣飘飘的花样年华》时，她眼里呆呆的，有一种叫爱情的东西一直看向他，但是他低着头，兀自地唱着。

让她失望的是，她告诉了莫朴树自己有人追求他居然都无动于衷，也

第六篇 ◆ 永远的红手帕

许是她太自作多情了，这样想着，就又把手伸向口袋里，无聊的时候，高兴的时候，倪小麦最下意识的动作就是吃一块薄荷糖，因为清爽得像风一样，对了，如同初恋，有点儿凉，有点儿心动。

大三的时候倪小麦终于有了男友，是外文系的男生，学西班牙语，将来是要出国的，答应了男生的追求以后，倪小麦再次遇到莫朴树的时候就说，我有了男友了！很张扬的样子，其实是想激怒莫朴树的，但莫朴树觉得这是一种挑衅，于是笑着，也祝贺我啊，我也有女友了，然后说了一个很好听的名字，其实不过是欺骗别人欺骗自己，莫朴树想，自己是配不上倪小麦的，倪小麦的父母都是北京的教授，自己的父母是小城中的工人，这样的女孩子，是应该做大使夫人的，何况倪小麦的男友正是大使的儿子，西班牙的大使，选择这样的一条道路，可以让倪小麦过着优雅而舒服的生活，他又能给她什么呢？

转年7月的时候他们毕业了，莫朴树送给了倪小麦一整盒价格不菲的薄荷糖，全是荷氏牌的，价格不菲，倪小麦伤心地说，再多的薄荷糖总有吃完的时候吧？莫朴树心里一动，但还是笑笑说，等你真大了，大概就不会吃糖了。送莫朴树上火车的时候，莫朴树问道，倪小麦，西班牙语的再见怎么说，用西班牙说吧，否则我怕自己会流泪的。

倪小麦轻轻地说着，Tea'mo，一连说了很多遍，虽然没有学会西班牙语，莫朴树还是一下子记住了它的发音，他笑着说，不愧男友是学西班牙语的，发音这么好听。

火车开起来的时候，倪小麦在后边追着，大声地喊着，Tea'mo，Tea'mo，莫朴树的眼泪到底下来了，他没有想到，"再见"用任何语言说出来都是黯然神伤的。

毕业以后，莫朴树回了家乡，那是一个偏远秀丽的小城，在那里做一名中学的老师，世外桃源一样，在上海的风花雪月像一场梦一样过去了，也有女孩子追求他，像《边城》中的翠翠那样温柔的女子，亲自给他织了一件毛衣，那个时刻，他总是会心痛，只有爱过的人才会心痛，所以，他一再地拒绝着，三年之后，他依然一个人，但多了一个习惯，总是喜欢买薄荷糖，尽管他并不吃，他喜欢薄荷那淡淡的味道，苦涩冰凉，像他的恋一样。

很多时候莫朴树还是会想起倪小麦，那个牙齿长得不好看的女孩子，大概现在结婚了吧？或者早就去了西班牙，有谁知道他的心思呢？

这样的暗恋是一枚早熟的苹果，没有到秋天就落了下来，他想，再给自己几年，等到30岁，就找一个人结婚，然后慢慢地变老，有什么不好呢？有时，甚至他都怀疑自己是不是真的爱过，难道真的和那个冰雪聪明的女子在那个9月里认识过吗？

是的，是有这么一个女孩子，不然，他屋子里怎么会有薄荷香呢？

小城里因为旅游渐渐热闹了起来，到最后，依着小桥流水开了一条洋人一条街，他偶尔去那里坐坐，这些洋人，把他们这里的奇山秀水当做宝物一样，记得曾有一次他说过带着倪小麦来这里看看，没想到竟然成了一句空话，倪小麦大概早就去欧洲旅行了，哪里还会看上这样的小镇？

没想到洋人街上居然还有西班牙的酒吧，圣诞节的时候他去了那家酒吧，酒吧里人不多，有几个西班牙人在喝着酒，他也要了一点红葡萄酒，大家相互祝着圣诞节快乐，他又记起了第一年圣诞节他是和倪小麦一起过的，那天他们去了外滩，外滩的风很大，莫朴树脱掉衣服让倪小麦穿上，他们看了上海最美丽的夜景，倪小麦说，上海真是一个纸醉金迷的城市，胡兰成就是在上海常德路95号爱上的张爱玲，也是从倪小麦开始，莫朴树喜欢看张爱玲，开始知道有哀伤的时候，明白了男女之间的情分就是一个缘字，毕业几年了，没想到倪小麦像一个影子一样无时不出现在他的生活细节里，如影随形，这样想着，不知不觉就喝多了。

走出酒吧的时候他回头和那帮西班牙人说，Tea'mo。那帮人哄的大笑起来，有一个懂中文的人说，你同性恋啊？他喝多了酒，一拳打过去，你胡说什么！那人说，你才胡说，你干吗和我们一群男人说我爱你！

他一下就呆了，脑袋的血全冲到眼里，然后变成眼泪狂流了下来，他大声地问，Tea'mo真是我爱你？

是啊，那人说，西班牙人全知道，很多人也知道。

那再见怎么说？

西班牙人说了一句什么，那完全是和我爱你不相同的发音，他忽然想起毕业天那倪小麦在火车站送他，一边哭一边追赶着火车，然后喊着那句Teamo。他一下子颓然地倒在椅子上，而对爱情，他是多傻的一个傻瓜啊，如果是今天，他宁肯被拒绝，也不愿意让岁月慢慢地把思念变成一壶苦酒，

第六篇 ◆ 永远的红手帕

慢慢地饮下。

和学校辞职的时候没有人理解他,他笑着,我要去找一个人,即使找不到,也要去上海。

那时,他买了很多薄荷糖,只是,那个爱吃薄荷糖的女孩子,她在哪里?

此时,倪小麦正在北京一家外企做白领,她没有去西班牙,因为没有爱情的西班牙对于她来说没有任何意义,而当初答应那个男人的追求不过是让莫朴树嫉妒而已,既然目的没有达到,那场戏也没有下去的必要了吧?

而当初追着火车喊着是想也踏上火车和他一起走,不管什么北京户口,不管他到底爱不爱,但是,还是舍不下自己的自尊,倪小麦想,他要爱早就说了,怕是嫌自己那一口暴牙吧?

老妈总是让她相亲,今天是这个部长的儿子,明天是同事的公子要出国,她都笑着拒绝了,然后说自己的牙不好看,什么时候和巩俐一样治好了牙再说吧。

果真去治了,几经矫正,果然好看了,她照镜子时想,不知莫朴树看到是不是认不出自己了?大概他也结婚了吧?于是千万百计把电话打到他们小镇去,人家说,一年前他辞职走了,然后挂了电话,从此,半点他的消息也不再有。

倪小麦想,这大概就是缘分吧。

又是9月,上海的一个同学要出国,打电话给倪小麦让她过去聚聚,她答应了,因为想去看看交大的校园,很多年前的9月,她嚼着薄荷糖,然后把一块薄荷糖递给了一个穿着白色衬衣的干净男生,那个男生羞涩的笑好像在眼前一样。

见到彼此的一个刹那他们都呆住了,同学里大部分都结婚了,只有他们还没有结婚,但他们以为彼此也是结了婚的,莫朴树进来时,倪小麦的手上,正抱着一个同学的孩子。

仿佛过了一个时世那么长,她抱着孩子走过去,来,叫舅舅。她让孩子叫着,他笑着接过孩子,时光真快,转眼孩子都几岁了,她笑了,他就看到了她的牙。

怎么?真变成了巩俐?从前那些小暴牙多好看啊,我很怀念它们。

她说真的吗?早知这样就不做了。孩子哭起来,同学来抱孩子,孩子叫着妈妈，他吃惊地看着她，不是你的？

她得意地笑着，我没有男友哪来的孩子，你以为都和你一样早婚？

谁早婚？他狂喜地反驳着，我从来没有恋爱过哪来的早婚？

到这时候，两个人有点斗智和调情了，以为会哭个稀里哗啦，却只不过平静地拉着手到了阳台。

莫朴树说，你是个傻姑娘。

倪小麦说，你是个傻小子。

你傻，你傻。两个人说着，倪小麦把手伸到莫朴树暖暖的口袋里，却摸到一把薄荷糖。她惊奇地问，怎么，你也爱吃薄荷糖？

莫朴树说，你从来不知道吧，我从来不吃任何糖，因为我一吃糖就牙疼，但我想有一个女孩子爱吃薄荷糖，早晚有一天我会让她吃到我买给她的薄荷糖，这些糖都是给她的，而且，我要给她吃一辈子！

心灵感悟

看过朝夏隔岸观日，乍然隐现的顷刻壮观；看过丽春幽蓝渺空，流星划落的刹那永恒；看过深秋残叶随风，狂舞飞旋的瞬间美丽；看过严冬雪落无痕，融梅即逝的短暂驻留，才知道季节的轮回蕴涵了无数个短暂瞬间，而人也就是在这刹那永恒中超然、醒悟，让爱回归。

桑葚树姑娘

芝麻是一个木讷的姑娘，这谁都知道的。所以，在2003年9月15日的晚上，她被苏冈岳死训而她一句嘴也没顶，这就很好解释了。

芝麻是因为在游泳馆贪玩而误了全系新生大会的开会时间。会开完时，她的头发还在滴水呢。她头发滴下的水沿着校园甬路一直延伸下去，真到她钻进校外一间最不起眼的兰州拉面馆。这时，有人在后面喊她的名字，正是刚刚训过她的学生会主席苏冈岳。"芝麻，你跑什么跑？"

"我没跑啊！"

"算了，不管你跑没跑，刚刚批评你是我不对，你原谅我好吗？我请你吃拉面，好不好？"

芝麻心想，这人怎么转变得这么快呢，这样的人是坏的！坏的！可是芝麻并没有这么说，她只是看着苏冈岳，问道："你是怎么找到我的啊？"

"我沿着路上的水印找的！"

芝麻就像一只浣熊一样咳咳咳地笑了，在凉爽的初秋，风一吹来，芝麻的心情就好得不得了，面前苏冈岳的臭脸就不再那么讨人厌了。

苏冈岳继续暴露坏人的本质："芝麻同学，你的文笔很好，能不能试着帮我填些歌词啊？"

"你怎么知道我的文笔很好呢？"

"我看过你高中时发表在杂志上的诗，那时候我还想给你写信呢！我很崇拜你叫芝麻！"苏冈岳肯定表扬道，"我觉得你的诗写得很棒！"

芝麻的脸，一下子红得饱满极了，像一颗小小的桑葚。

第二天傍晚，芝麻寝室的电话响了。"芝麻芝麻，我是苏冈岳，我在你的楼下。"

芝麻趴在窗口向下张望，只见苏冈岳背着一把黑色大吉他，穿了一件黑白条纹衫，乍一看去，还真像一只吃饱了没事干的浣熊。

好久没见过一个长得像浣熊的男生了，芝麻是多么喜欢浣熊啊。在动物园里她看到浣熊们有秩序地排成一列，挂在笼子上睡觉，发出咕咕的声音，就像一大堆软厚的枕头，芝麻的心里就流一股浓浓的热爱，恨不得上前去掐它们一把。于是芝麻买了一只黑白两色的大枕头，她每天枕着这只枕头入睡，想象自己就是一只浣熊。

直到寝室的老七大叫道："芝麻，别动，别动，我给你拍张照，你窝在枕头里只露出眼睛好不好，对对就这样，你太像浣熊啦！"

芝麻走下楼去，跟苏冈岳往北区的小体育馆走，那儿是由苏同学担当主唱的摇滚乐队排练场。

"跟上我啊。"苏冈岳埋怨芝麻走路太慢，恨不得拎起她塞在吉他里。

小体育馆的门和窗都破了。夕阳照在没有窗玻璃的大房子里，把芝麻的脸烤得有点疼，她眯起眼睛看向外面，窗子外有一棵巨大的桑葚树。那是一棵多美的树啊，叶片那么厚重，像是涂满了浓酽的忧伤，那些绿色，那些忧伤的绿色，仿佛就要从叶片上滚落下来。秋天，桑葚树的果实已经被鸟雀啄光，树沉默着，那沉默多么优雅，芝麻是多么喜欢这优雅的沉默啊。

她的歌词是这样写的：

"当我爱上你
我愿意死在你的怀里
就像桑葚死在树叶的怀里
树叶死在泥土的怀里
……"

天已经黑了，芝麻和苏冈岳又在兰州拉面馆吃饭，吃过饭，两个人打着饱嗝往回走，就觉得彼此很熟悉，恨不得勾肩搭背起来。

可是那一晚芝麻却失眠了，因为有一种火热的东西在她脑子里不停地燃烧。她闭上眼睛不去呼吸，假装自己已经死去，如果死去，会不会死在所爱之人的怀中呢。

芝麻有了一个决定。

第二天早晨芝麻找到了苏冈岳，手里拿着两只蛋饼。她实在不知道向一个男生表达好感该用什么样方式，她生长在一个木讷的家庭中，芝麻家的木讷是这样的——比方说，晚餐时，父母教育过子女不要边吃边说话，一家四口就沉默地扒饭，如果芝麻多说了一句"请把老干妈递给我"，那弟弟一定会惊讶至极，认为她今晚真是太健谈了。而隔上五分钟妈妈也许会说："少吃辣的，会长痘痘。"

所以，向一个男生告白这件事，难坏了我们的主人公芝麻同学。她只能举着蛋饼走向正在练双杠的苏冈岳，轻轻说了一声："给你！"

然后她爬上双杠，和苏冈岳并排坐着吃蛋饼，"谢谢你芝麻，你真好。"苏冈岳对芝麻说。

芝麻觉得自己成功了。

可是，就在往回走的时候，她忽然听到有人在说，"跟上我啊。"芝麻回过头去看到苏冈岳正拉着另一个女孩的手。

花泽类说：当你的眼泪忍不住要流下来的时候，如果能倒立起来，这样本来要流出来的泪，就再也流不出来了。

于是芝麻就像一只浣熊一样，在双杠上倒挂着身体。

翌日，芝麻收拾好书包准备去上自习，可是刚走到楼下，她就看到讨厌的苏闵岳了。"芝麻，真巧，来，听听你填词的歌。"苏闵岳摆开架势，引来一大堆女生围观。

他大声豪气地唱了起来，别说，他唱得还真好。唱完了大家都鼓掌，有人还推推芝麻，夸她的歌词写得好。芝麻也跟着大家快活起来，"很棒啊。"她拍了拍苏闵岳的肩膀，就好像亲兄弟一样。

听说苏闵岳的女朋友要出国，这可乐坏了十来位散落于各个院系的暗恋者，其中也包括大一女生芝麻。

可是，女朋友出不出国，苏闵岳也是要毕业的。周末的晚上，苏闵岳的乐队将进行在校期间的最后一场演出，芝麻偷偷溜进了现场，坐在最不起眼的位置上。

演出在汗水和泪光中很快结束，芝麻想躲，可还是被苏闵岳发现了。"帮帮忙啦，好心的芝麻。"苏闵岳始终当芝麻是个熟人。

芝麻帮他们收拾好乐器，又把地板扫了一遍，有人提议一起去喝酒，芝麻跟着去了。那个晚上苏闵岳喝醉了，他哭着说："唉，芝麻，你会不会想念我呢？"

芝麻拍拍他的肩膀，轻轻地对他说："会的。你保重啊，我得回寝室了。"

苏闵岳抬起头来，忽然拉住了她："不要走。"

他红着眼睛问她："如果你深深喜欢一个人不能和你在一起，你会怎么办？"听到这句话芝麻愣了，然后她看着他的眼睛说："我会等他，直到他能和我在一起。"

半年过去，芝麻还是时常会想起苏闵岳。

小体育馆已经拆掉重建，那棵高大的桑葚树也移植到了别处。有时候芝麻会跑去工地坐着，呆呆地看着那个巨大的坑，那曾经种植过一棵漂亮的大树，和她整个大一那年最忧伤的情怀，以及最sentimental的心事。

有一天芝麻往工地走，忽然看到破墙上坐着一个人，这个人看到她，笑眯眯地冲着她招手，芝麻呆住了，竟然是苏闵岳！

"你怎么在这里啊？"

"我想念这里就回来看看啊。"

"你女朋友不是出国了吗？"

"她出国关我什么事啊？"

"你也应该出国啊！"

"哦，"苏闵岳笑笑，"我和女朋友分手了。"苏闵岳的表情很平静，看不出什么伤感。但他的身体语言却透露了他的失落，他的手攥成一个紧紧的拳头，那一刻，芝麻好想握着他的手，轻轻展开那个拳头，告诉他：请不要难过，我亲爱的苏闵岳。

可她只是默默地站在他的面前。

此后，苏闵岳时不时来学校玩，他的口头禅就成了："谁给我介绍女朋友啊。"

开玩笑的时候芝麻喜欢说："喂，我给你介绍啊。"

但很多时候芝麻想对他说：你为什么不考虑我呢？

"苏闵岳，你不是没有女朋友吗……"

"是啊，你想给我介绍吗？"

芝麻忽然语塞了。

"啊……是呀，是的。"说完这句话她就后悔了，"我们系有个女生很配你。"

"其实，我并不想找女朋友，你记得吗，我曾经问过你，如果你深深喜欢的一个人不能和你在一起，你会怎么办，当时你告诉我，你会等他。我觉得你的话很对。"

又过了一年，有人在楼下喊："芝麻！芝麻！"

芝麻从窗口望下去，看到了苏闵岳和他的女朋友。

她跑下楼去，仿佛一步步跑回以前的时光，她又看到苏闵岳抱着大吉他，像只浣熊一样站在那里。

"我们又和好了，芝麻，秋天以后，我也要出国了。"苏闵岳拉着自己女朋友的手。"芝麻，谢谢你告诉我那句话，你看，现在，我等到我要的幸福了。"

他们把旧时的朋友召集来，坐在新的体育馆里，围成一个圈，苏闵岳开始唱起歌。

"当我爱上你

我愿意死在你怀里

就像桑葚死在树叶的怀里

树叶死在泥土的怀里

……"

苏闵岳对女朋友说："这歌是芝麻填的词，厉害吧？"

"很棒！树上真的有桑葚吗？我们去采桑葚好吗？"

人们站起来，向桑葚树走去。"芝麻，快跟上啊！"听到有人这样喊的时候，芝麻才从沉思中抬起头，却发现大家已经走远了。

她终于明白，她的爱情已经走远了。

就这样，很多沉默的爱恋都是这样，当你想跟上，它已经无声离去，可它在时，你却绝对没有勇气开口。

"我喜欢你，苏闵岳！"芝麻轻轻地说。

而这时，苏闵岳早已走出她的视线，他当然没有听见这位木讷的姑娘最大胆的一句话。

心灵感悟

错过是美丽的，只是这种美丽是以忧伤为代价的。很多时候，羞涩、胆怯、自卑、木讷，都是贴在嘴上的封条，让爱在内心澎湃，却怎么也冲不出口。等待的时光是苦涩的，也是甜蜜的，但是如果等着封条自己脱落，那就会搭进自己一生的幸福。所以，走过路过，千万别错过。

蒜薹

没有人知道我与小兵的分手，是为一个简单到几乎无法提及的原因：蒜薹。

第一次同小兵一起吃饭，在学校对过的餐厅，小兵最后要的一个菜是"蒜薹炒肉"，说："你吃肉，我吃蒜薹"。我笑笑，没在意。然后第二次、第三次，直至每次？同吃饭，小兵都无一例外地点这道菜。

在恋爱中，像我们这样刚刚过了20岁的年纪，诸如吃饭之类的事原本占据不了感情的空间或精力。只是蒜薹这种东西，我实实在在的不爱吃，除了有蔬菜的绿色，完完全全类似于大蒜的味道，吃过后口中很长时间都留有异味，很令人讨厌的。

起初是轻描淡写地说，时间长了，却难免认了真。而小兵每次总是笑笑作答，却照样我行我素。以后，每次在一起，到了吃饭时间，我心里的感觉就灰暗了起来。最后的一次，在他对服务生说"蒜薹"两个字后，我忍无可忍地站起来大叫："周小兵，即便你真的喜欢，至少也该顾及一次我的感受吧！"话音未落，我便摔了门冲出去。

小兵没有追我，甚至没有任何的一句解释和抱歉。之后，每天两人踩着同一道楼阶在同一时间走上去，然后左一右拐向同一楼层的两个方向。那个男孩子固执的个性，即便在爱情上也丝毫不减。

对所有人的询问，我都保持沉默。怎么说我和他也是别人眼中的一对金童玉女，可从相爱到分开，不过半年多的时间。

不再是恋人了。

三个月后小兵毕业离校，我听他一个室友说他已应聘去了本城的一家外企。我为他如此的薄情由伤心而生怨，也更加恨那种叫蒜薹的东西。怎能让我置信，竟是它，结束了我的初恋？

再开学回校，寝室的桌上平平地放着一封写了我名字的信。小兵大而圆的字迹，让我怦然心动。

他写道：

宁子，让我讲个故事给你听。

那是在1987年5月末吧，不会错的，当时的很多报刊报道过。但是我们不会记得了，因为小。你知道我的家乡，山东省的那个县，是著名的大蒜之乡。那儿的农民，许多年来以种植大蒜作为主要的经济来源。那时候没有什么蔬菜可以储存到冬天，除了蒜薹。那一年的蒜薹收购，却因为种植太多而导致价格由往年近一元钱一斤跌至3分钱一斤。那天下午在放学途中的一个路口，一个年迈的农民把整整一车新鲜的蒜薹一把一把地抛洒在街心……后来他蹲下来，抱着头呜呜地哭了。我站在他的身边，看到那浑浊的泪滑过他黝黑的、遍布皱纹的脸……那是我的爷爷。

以后，在冬天慢慢地也有各种蔬菜上市，城市里很少有人再吃蒜薹；而我的家乡，农民仍然年复一年地种植大蒜，种植他们日渐渺茫的希望。10年过去了，我怎么都无法忘记爷爷那张沧桑的脸和那些绝望的泪。

一颗泪落下来，在薄薄的纸上湿了一个小小的圆点又慢慢扩散。小兵说："我一直没有告诉你是因为如果我讲了，你也必定会为此接受蒜薹，而那样就会在无形中委屈了你自己。爱情，这是容不得一点点委屈的，尤其在最初的时光里。原谅我吧！宁子，除了你，我又会爱谁呢？"

在初次同小兵一起吃饭的餐厅，我为自己要了一份蒜薹外加一份茉莉花茶。那种绿色的圆圆的茎，入口时有一种淡淡的辛辣，慢慢地嚼，竟有一丝清爽的甘甜。吃完后，喝杯浓浓的茉莉花茶，先是觉得格外的苦，之后便是一种沁人的香。

逐字逐字记起小兵不经意的话，我悄悄地哭了，眼泪一滴滴地落下。我知道，哭过后，我一定要去找到小兵，告诉他，原来蒜薹的味道真的好极了。

心灵感悟

现实爱情中，常常会发生许多误会，让我们伤心、流泪，以为对方爱得不深，爱得不切，却不知，那些误会背后往往是动人的故事。

为何不给那个人一个解释的机会？冰释前嫌才会让爱重新焕发光彩。